增材制造用球形金属粉末制备技术研究

宋美慧　张　煜　李　岩
李艳春　张晓臣　王　阳　著

哈尔滨工程大学出版社
Harbin Engineering University Press

内 容 简 介

本书主要介绍了金属增材制造领域中的球形金属粉末制备方法和基于粉末的高能束增材制造成形方法及技术。在增材制造用球形金属粉末制备部分,主要介绍了采用不同方法制备的钛合金、高温合金和钛铝合金粉末的基本性能及其影响因素;在高能束增材制造技术部分,主要介绍了选择性激光熔化和电子束选区熔化技术对合金材料的微观组织及基本性能的影响。

本书可作为从事金属增材制造的工作人员及其相关领域科研人员的参考书,也可作为高等学校相关专业学生的教材。

图书在版编目(CIP)数据

增材制造用球形金属粉末制备技术研究/宋美慧等著.—哈尔滨:哈尔滨工程大学出版社,2024.3
ISBN 978-7-5661-4216-0

Ⅰ.①增… Ⅱ.①宋… Ⅲ.①快速成型技术-金属粉末-球形粉-制粉-研究 Ⅳ.①TF123.7

中国国家版本馆 CIP 数据核字(2024)第 039088 号

增材制造用球形金属粉末制备技术研究
ZENGCAI ZHIZAO YONG QIUXING JINSHU FENMO ZHIBEI JISHU YANJIU

选题策划	宗盼盼
责任编辑	刘梦瑶
封面设计	李海波

出版发行	哈尔滨工程大学出版社
社　　址	哈尔滨市南岗区南通大街 145 号
邮政编码	150001
发行电话	0451-82519328
传　　真	0451-82519699
经　　销	新华书店
印　　刷	哈尔滨市海德利商务印刷有限公司
开　　本	787 mm×1 092 mm　1/16
印　　张	13.5
字　　数	304 千字
版　　次	2024 年 3 月第 1 版
印　　次	2024 年 3 月第 1 次印刷
书　　号	ISBN 978-7-5661-4216-0
定　　价	69.80 元

http://www.hrbeupress.com
E-mail:heupress@ hrbeu. edu. cn

前　言

　　增材制造技术又称 3D 打印成形技术,是直接从物体的三维模型逐层累加制造,最终得到近净成形物体的技术。与减材制造技术相反,增材制造过程是通过层与层的叠加,直接从物体的三维模型以添加材料的方式制造出物体模型。增材制造技术是基于离散与堆积的原理,即在计算机的辅助下,通过对实体三维模型进行修复、切片处理,把三维实体的制造转换成多个二维层面并沿成形方向连续堆积和叠加,最终实现三维实体的制造。金属增材制造成形使用高功率的能量束(如激光束、电子束、等离子束等),将熔点高、难加工的金属材料直接制备成最终产品。

　　目前金属增材制造成形的原料多为粉末材料,不管采用哪种增材制造成形技术,对于耗材中的金属粉末特性都有严格的要求。所谓金属粉末即指尺寸小于 1 mm 的金属颗粒群。一般要求金属粉末为球形,粒径为 20~150 μm,松装密度尽量大。其包括单一金属粉末、合金粉末以及具有金属性质的某些难熔化合物粉末。金属粉末除需具备良好的可塑性之外,还必须满足粒度分布较窄、球形度高、流动性好等要求。本书针对上述问题,详细介绍了著者近年来在金属增材制造领域的相关研究成果。

　　本书前言由王阳执笔;第 1 章、第 2 章由宋美慧执笔;第 3 章的第 3.1 节、第 3.2 节和第 3.3 节由李艳春执笔,第 3.4 节由王阳执笔,第 3.5 节、第 3.6 节和第 3.7 节由张晓臣执笔;第 4 章由李岩执笔;第 5 章由张煜执笔。全书由宋美慧统稿。在本书的写作过程中,硕士研究生刘佳伟和王元胜等做了大量工作,在此表示感谢。本书由黑龙江省重点研发计划(GA21A104)、黑龙江省"百千万"工程科技重大专项(2020ZX10A03)、黑龙江省领军人才梯队后备带头人资助项目、黑龙江省省属科研院所科研业务费项目(YZ2023GJS01、CZKYF2023-1-C039、CZKYF2024-1-B020)和黑龙江省科学院人才队伍建设项目(RC2023GY01)资助,在此表示感谢。

　　由于著者学识有限,书中难免存在疏漏及不妥之处,恳请各位同行、专家及广大读者批评指正。

著　者

2024 年 1 月

目　　录

第1章 概　　述

1.1　增材制造用金属粉末概况及国内研究机构

金属增材制造(additive manufacturing, AM)技术又称为金属 3D 打印成形技术,目前应用比较广泛的是激光快速成形和电子束快速成形等。而无论哪种快速成形技术,对于耗材中的金属粉末或是金属丝材特性都有严格的要求。世界 3D 打印行业的权威专家对 3D 打印金属粉末进行了明确定义,即指尺寸小于 1 mm 的金属颗粒群。增材制造对原材料的要求比较苛刻,满足激光工艺的适用性要求所选的材料需要以粉末或丝棒状形态提供,包括单一金属粉末、合金粉末以及具有金属性质的某些难熔化合物粉末。目前,3D 打印金属粉末材料包括钴铬合金、不锈钢、工业钢、青铜合金、钛合金和镍铝合金等。

增材制造金属粉末除了需具备良好的可塑性外,还必须满足粉末粒径细小、粒度分布较窄、球形度高、流动性好和松装密度高等要求。一般要求金属粉末为球形,粒径为 20~150 μm,松装密度尽量大。表 1-1 列举了不同增材制造成形技术所需粉末性能指标。

表 1-1　不同增材制造成形技术所需粉末性能指标

增材制造成形技术	粉末粒径/μm
选择性激光烧结	50~125
选择性激光熔化	15~53
电子束选区熔化	45~105
激光熔覆成形	45~150

对于金属粉末制备方法及技术的研究最早可以追溯到 20 世纪初。图 1-1 简单列举了金属粉末制备技术的发展历程。

国内生产耗材的单位主要有西北有色金属研究院、东北特殊钢集团有限公司、海鹰机电技术研究院、东北大学以及东北轻合金有限责任公司,但是目前国内耗材性能还远不及国外。国产化的金属粉末材料,目前还存在着氧含量高、球形度差、成分均匀性差以及粒度分布不佳等问题,这在一定程度上限制了我国高端 3D 打印产业的进一步发展。目前,我国 3D 打印用材料大多由快速成形厂家直接提供,尚未实现第三方供应通用材料的模式,导致材料的成本非常高。同时,国内尚无针对专用于 3D 打印的粉末制备研究,该材料对粒度分布、氧含量要求严格,而有些单位采用常规的喷涂粉末替代使用,存在很多不适用性。

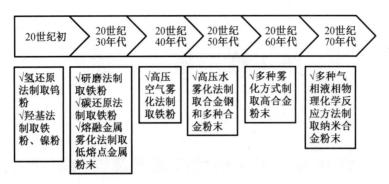

图 1-1 金属粉末制备技术的发展历程

目前,粉末制备方法按照制备技术主要可分为还原法、电解法、羰基分解法、研磨法、雾化法等。其中,以还原法、电解法和雾化法生产的粉末作为原料应用到粉末冶金工业的方法较为普遍。但电解法和还原法仅限于单质金属粉末的生产,而对于合金粉末这些方法均不适用。雾化法可以进行合金粉末的生产,同时现代雾化技术对粉末的形状也能够做出控制,不断发展的雾化室结构大幅提高了雾化效率,这使得雾化法逐渐发展成为主要的粉末生产方法。雾化法中的气体雾化法和真空气雾化法能够满足增材制造耗材金属粉末的特殊要求,并且真空雾化制备的粉末具有氧含量低、球形度高、成分均匀等特点,应用效果最佳。

近年来,我国积极探索增材制造金属粉末制备技术,初步取得成效。自 20 世纪 90 年代初以来,清华大学、西安交通大学、华中科技大学、华南理工大学、北京航空航天大学、西北工业大学等高校,在增材制造材料技术方面,开展了积极的探索,已有部分技术处于世界先进水平。中航天地激光科技有限公司、清华大学、有研粉末新材料股份有限公司、北京矿冶研究总院、北京数码大方科技有限公司、北京国科世纪激光技术有限公司、中航工业北京航空制造工程研究所、机械科学研究总院先进制造技术研究中心、北京印刷学院等已经开展金属增材制造成形工作。北京航空材料研究院、钢铁研究总院、北京矿冶研究总院、有研粉末新材料股份有限公司等单位,具有研制和生产流动性能好、烧结性能优异的合金粉末(主要通过气体雾化粉工艺和等离子体旋转电极制粉工艺制备)的能力。近年来,一些研究院所加入粉末研制生产的队伍中,但还都未做3D打印用粉末的专用材料研制,也没有建设专用生产线。其中,北京航空材料研究院、中国钢铁研究总院、有研粉末新材料股份有限公司等生产的粉末材料是针对粉末冶金或钎焊料用途设计研制的,北京矿冶研究总院生产的粉末材料是针对热喷涂用途设计研制的。

1.2 金属粉末常规制备技术

金属粉末的制备技术有很多,如机械法(球磨、研磨等)、物理法(雾化法)及化学法(还原法、电解法、羰基法及置换法等)。为了满足增材制造技术对球形金属粉末的要求,通常采用的金属粉末制备技术主要是雾化法,具体包括水雾化(water atomization, WA)法、气雾化(gas atomization, GA)法、等离子雾化(plasma atomization, PA)法及等离子体旋转电极法(plasma rotating electrode process, PREP),有时为了降低粉末制备成本,也会采用氢化脱氢(hydride-dehydride, HDH)法。

1.2.1　水雾化法

水雾化法以水作为雾化介质,成本较低且冷却速度高,制备的粉末粒径小,可制备 Fe、Ni、Co、Zn 及 Cu 等金属及其合金粉末,但不能制备活性金属,如 Ti 等。且由于冷却速度过高,超过了球化速度,导致最终制备的粉末形状不规则,球形度较差,氧含量很高,从而影响最终成形样品的力学性能。

1.2.2　气雾化法

气雾化法属于二流雾化,采用高速气流(氩气或氮气)冲击液态金属流以形成小液滴,经快速冷却后凝固形成粉末。与水雾化法相比,气雾化法冷却速度低,氧含量低,粉末呈近球形。采用气雾化法制备的金属粉末粒径较小,但在熔化形成液态金属时,坩埚内会引入杂质。由于在破碎过程中不同大小的液滴相互接触且冷却速度不同导致雾化过程中易形成卫星粉,因此在破碎过程中若气体陷入液滴内,则会形成空心粉,影响最终成形件的致密度。

北京科技大学用电极感应熔炼气雾化(electrode induction melting gas atomization, EIGA)法制备的高 TiAl 合金粉末粒径为 100~200 μm。他们研究了粉末粒径对氧、氮含量以及合金相结构的影响。结果表明,氧含量随着合金粉末粒径变小而逐渐增大;氮含量不随合金粉末粒径的变化而变化。粒径≤74 μm 的粉末只存在 α_2 相,随着粒度变粗,γ 相逐渐增多,α_2 相逐渐减少。TiAl 合金粉末的表面和内部组织均呈枝状,内部组织存在 4 种成分偏析,随着粒径变小,偏析细化。此外,北京科技大学还采用球磨与射频等离子球化(radio frequency, RF)法相结合的方法,制备出组织致密无孔隙、颗粒成分均匀的 TiAl 合金粉末,粉末粒径为 7~10 μm,氧含量为 480~700 ppm[①],球形度接近 100%。

中国科学院金属研究所采用 EIGA 法制备的 TiAl 合金粉末呈光滑球形外表面,但是少量粉末为空心球,或带有行星球。合金粉末均呈现胞状组织,相组成与粒度分布有关,粒度越大,γ 相所占比例越高;小粒度的合金粉末主要由 α_2 相构成,将其在温度高于 500 ℃时效处理,将发生 $\alpha_2 \rightarrow \gamma$ 转变。

北京航天材料及工艺研究所采用等离子感应熔炼气雾化(plasma induction melting gas atomization, PIGA)法制备出球形 TiAl 合金粉末,其粒径为 50~190 μm,粉末振实密度可达到材料理论密度的 64%。采用该粉末制备的 TiAl 合金坯体经热处理后具有良好的延伸率。

国外机构多采用 PIGA 法和 EIGA 法制备 TiAl 合金粉末,且这种粉末比较适于制备金属注射成形零件。

---

① 　1 ppm = 10^{-6}。

Tonner 等研究了采用 PIGA 法和 EIGA 法制备的 TiAl 粉末中杂质含量问题,他们发现,氮含量随粉末粒径减小变化很小,而氧含量随着粉末粒径减小则显著增加。此外,不同粒径的粉末暴露在空气中,其细颗粒粉末易于吸附氧而使其氧含量增高。这主要是因为细颗粒粉末的比表面积相对大颗粒粉末更大,表面能更高,吸附氧能力更强。同时,合金粉末中氧、氮含量较高将极大削弱以该粉末致密化后坯体的力学性能。

德国 GKSS 研究中心的 Gerhard Wegmann 等研究了 EIGA、PIGA 和离心雾化 3 种制粉方法制备不同合金粉末中的闭孔夹杂的氩气含量。结果表明,氩气含量受制备工艺影响显著,但不同粉末在相同工艺下的氩气含量相近。采用离心雾化法制备的 TiAl 合金粉末中闭孔内夹杂气体最多,采用 EIGA 法制备的粉末次之,采用 PIGA 法制备的粉末最低。利用氩气作为雾化气体,并不能解决粉末含有闭孔的问题,而且粉末闭孔中的氩气会加剧热等静压(hot isostatic pressing,HIP)致密化阶段的孔隙效应,最终降低制件的综合性能。

1.2.3 等离子雾化法

等离子雾化法利用等离子作为热源熔化金属丝,并利用等离子体冲击金属液流制备球形金属粉末。等离子雾化法可制备各种活性金属及高熔点金属粉末,如 Ti、Zr、Nb、Mo、Ta 及 W 等。采用该方法制备的粉末球形度较好,空心粉及卫星粉较少。该方法避免了原料与坩埚的接触,杂质较少,粉末纯净,但由于原料为金属丝材,因此加工成本较高。

1.2.4 氢化脱氢法

氢化脱氢法以金属钛为原料,在 350 ℃下进行吸氢反应生成钛的氢化物,使金属钛强度变低、变脆,后经机械磨碎后在 500 ℃真空下进行脱氢反应以形成钛粉。采用该方法制备的粉末具有成本低、工艺易实现的优点,是制备钛粉的重要方法。然而与雾化法相比,采用氢化脱氢法制备的金属粉末的氧含量高、球形度差,影响粉末的流动性,进而影响粉末的堆积成形,且粉末粒度分布较宽,因而在电子束选区熔化(electron beam selective melting,EBSM)技术中使用受限。

采用不同技术制备的金属粉末特性对比见表 1-2。

表 1-2 采用不同技术制备的金属粉末特性对比

制备技术	球形度	氧含量	气孔率	粒径及其分布	可制备的材料
水雾化法	差	高	高	粒径小,分布宽	钢、高温合金等
气雾化法	较好	较高	高	粒径较小,分布宽	钢、活泼金属等
等离子雾化法	较好	较低	低	粒径较小,分布宽	活泼金属、难熔金属
氢化脱氢法	差	高	高	粒径较小,分布宽	钛粉

国外钛及钛合金粉末的研究由来已久,技术相对成熟。美国在 1985 年发表了水冷铜坩埚惰气雾化法的专利,在 1988 年建立了年产量 11 t 的粉末研制线;日本在 1990 年建立了年产量 60 t 的惰气雾化粉末生产线,并实现了规模化生产。而国内在雾化设备及粉末制备工

艺方面,主要为移植和仿研,高性能制粉设备仍以进口为主,在水冷铜坩埚制备技术、底注式雾化方式等方面仍和国外差距较大。在粉末制备方面,目前粉末的粒度主要集中在 40 ~ 300 目,杂质元素如钙、氢、氧等也高于国外同类产品水平,如国内制备的真空钛合金钎焊料由于杂质含量高,在使用过程中存在润湿性差、焊缝质量不均匀、焊接强度低等问题。

镍基或钴基的高温合金粉末的制备技术主要有雾化法、旋转电极法、还原法等。雾化法主要有二流雾化、离心雾化等方法。气雾化(含真空化)属于二流雾化,具有环境污染小、粉末球形度高、氧含量低以及冷却速率大等优点。经历近 200 年的发展,气雾化已经成为生产高性能金属及合金粉末的主要方法。不过,雾化合金粉末也易出现一些缺陷,如空心球、夹杂物、热诱导孔洞、原始粉末颗粒边界物等。对于 3D 打印技术来说,粉体材料中夹杂物和热诱导孔洞都会对成形部件产生影响。

国内尚未开展针对 3D 打印技术用粉末相应的研究。如粉末成分、夹杂、物理性能等对 3D 打印相关技术的影响及适应性。因此针对低氧含量、细粒径粉末的使用要求,尚需开展钛及钛合金粉末成分设计、细粒径粉末气雾化制粉技术、粉末特性对制品性能的影响等研究工作。国内受制粉技术所限,目前细粒径粉末制备困难,收粉率低、氧及其他杂质含量高等,在使用过程中易出现粉末熔化状态不均匀,导致制品中氧化物夹杂含量高、致密性差、强度低、结构不均匀等问题,国内合金粉末存在的主要问题集中在产品质量和批次稳定性等方面,包括:①粉末成分的稳定性(夹杂数量、成分均匀性);②粉末物理性能的稳定性(粒度分布、粉末形貌、流动性、松装密度等);③成品率问题(窄粒度段粉末成品率低)等。

1.3　等离子体技术制备球形合金粉末

等离子体是气体物质存在的一种状态,在这种状态下,气体由离子、电子和中性原子组成,在宏观上呈电中性。由于等离子体具有高温、高熵、高化学反应活性、反应气氛和反应温度可控等特点,因此其在粉体材料的合成制备和球化处理等方面的应用引起了研究人员的广泛关注。

等离子体在制备球形合金粉末过程中的作用如下:一是等离子体仅仅作为高温热源,不参与反应。二是等离子体不仅作为热源,而且参与反应。

球形钛及钛合金、镍及镍合金粉末的等离子体制备方法,主要有直流电弧等离子法、等离子体旋转电极法、高频等离子体法和射频等离子体法等。

1.3.1　直流电弧等离子体法

采用直流电弧等离子体法制备金属粉末的原理(图 1-2):将金属颗粒放入水冷坩埚中,密封设备,抽真空,冲入一定量的氩气和氢气,引弧,在高温电弧作用下,金属颗粒熔化、蒸发,并由风机吹出来的气体带至收粉室,最后沉积在收粉室内壁和滤布上。南京工业大学张振忠课题组采用此种技术制备了纳米铋粉、铁粉、锌粉、锡粉;兰州理工大学魏志强等采用此种技术制备了镍纳米粉;金堆城钼业有限公司采用此种技术生产了钼纳米粉。

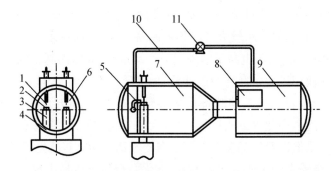

1—钨电极；2—坩埚；3—水冷铜模；4—水冷隔腔；5—吹风管；6,7—制粉室；
8—鼠笼和滤布；9—收粉室；10—大风量水冷循环气路；11—大风量循环风机。

图1-2　采用直流电弧等离子体法制备金属粉末原理图

1.3.2　等离子体旋转电极法

采用等离子体旋转电极法（plasma rotating electrode process，PREP）制备金属粉末的原理（图1-3）：在等离子弧热效应下，高速旋转的棒料端部熔化，同时，在惰性气体中快速冷却的液滴在离心力的作用下飞射出去，通过表面张力的作用凝固成球形粉末颗粒。

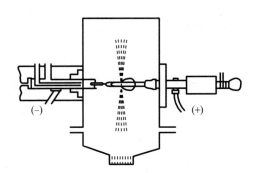

图1-3　采用等离子体旋转电极法制备金属粉末的原理图

航天材料及工艺研究所常健、吕宏军等用 PREP 制备了 FGH4586 镍基合金粉末，其中95%的粉末粒径约为 100 μm。该合金粉末具有较好的球形度，表面光滑完整，仅存在少数破碎粉末和粘连焊合现象。该合金粉末中有金属和非金属夹杂物。

西北有色金属研究院采用 PREP 制取的粒径为 120 μm 以下的 TiAl 合金粉末，具有良好的流动性和振实密度（材料理论密度的 60%），粉末氧含量低于 800 ppm，氮含量低于600 ppm。同时，他们研究了冷却速度和热处理技术对粉末微观组织的影响。结果表明，粉末由单相 β 固溶体组成；低冷速时，结晶呈完整枝状；而当粉末颗粒较小，又是高冷速时，结晶呈胞状。当粉末在 700 ℃以上进行热处理时，一般得到 $\alpha_2 + \beta$ 两相组织。

Nishida 和 Morizono 等采用 PREP 制备了 TiAl 合金粉末。他们发现 TiAl 粉末外表面具有类似马氏体相的表面形貌和枝状形貌两种结构。马氏体相结构粉末内含有孪生 α_2 板条，具有良好的变形能力，可以提高后续制件的致密度；而枝状结构粉末呈单一 α_2，很难在压力作用下发生塑性变形，进而导致材料致密度不高。Tang 等采用 PREP 制备了球形度高、氧氮含量低的 Ti-45Al-7Nb-0.3W 预合金粉末,将其用于改进的电子束熔炼(EBM)技术,制备出了具有细小全片层组织、抗拉强度为 2 750 MPa、应变断裂率达到 37%、无裂纹的 Ti-45Al-7Nb-0.3W 合金。Kan 等采用 PREP 和 EBM 技术制备了高 Nb-TiAl 合金,该合金具有完全致密的微观结构和良好的室温与高温拉伸性能。但由于 PREP 制备 TiAl 基合金粉末时存在粉体粒度较大、细粉收率较低等情况,会造成生产周期较长和成本的增加,所以在量产方面受到了一定的制约。因此,改进 PREP 技术,以提高细粉的收粉率将是未来研究的重点。

1.3.3　高频等离子体法

高频等离子体具有能量密度大、温度高和冷却速度快等特点,除此之外相对于等离子体旋转电极法等由于产生等离子体的感应线圈位于等离子体炬外,避免了电极材料的自身分解对材料的污染,而且等离子体反应体气氛可控,因此在制备和处理高纯粉体材料具有优势。中国科学院白柳杨、袁斗利等用高频等离子体法制备了球形镍粉、铜粉和钨粉,其制备高纯镍粉的原料为市售羰基镍粉,实验原料镍粉团聚体的粒径为 $3\sim5~\mu m$,而产品的粒径大部分约为 100 nm,此种方法制备的镍粉球形度好、纯度高,技术简洁快速。但用这种方法球化钛合金镍合金粉末在国内文献还没有相关报道。图 1-4 为高频等离子体制粉设备原理图。

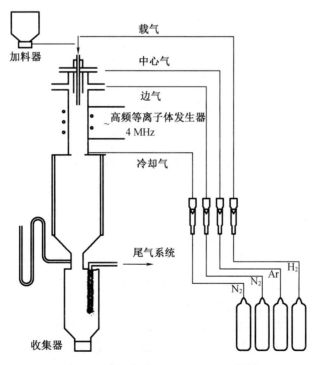

图 1-4　高频等离子体制粉设备原理图

1.3.4 射频等离子体法

射频等离子体具有温度高、等离子体炬体积大、能量密度高、传热和冷却速度快等特点,是制备组分均匀、球形度高、缺陷少和流动性好的球形粉末的良好途径。北京科技大学的盛艳伟等研究了射频等离子体球化钛和钛合金粉末。其实验装置与采用高频等离子体法制备合金粉末相似,主要包括等离子发生系统、反应器、喂料系统和粉末收集系统。图 1-5 为采用射频等离子体法制备金属粉末的原理图,其工作过程为:以氩气为工作气,建立稳定运行等离子体炬,氩气作为载气将合金粉末经喂料系统、加料枪轴向送入等离子炬中。粉末颗粒穿越等离子体瞬间迅速吸热、熔融和球化,最后进入冷却室凝结成粉末。实验原料为市售粒径小于 30 μm 的不规则钛合金粉末,90% 的原料粉粒径集中在 10~28 μm,平均粒径为 18.13 μm,90% 的球化后粉末粒径集中在 10~40 μm,平均粒径为 19.35 μm,球化后合金粉末表面光滑、球形度好,最佳的球化率可达 100%。加拿大的 TEKNA 公司应用射频等离子体技术已实现 W、Mo、Re、Ta、Ni、Cu 等金属粉末的球化处理,且已具备一定的生产能力。

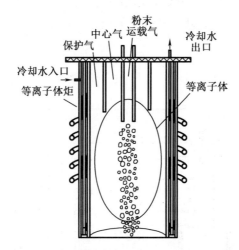

图 1-5　采用射频等离子体法制备金属粉末的原理图

古忠涛等利用射频等离子体球化技术,对不规则的钛粉进行球化处理后改善了钛粉流动性,提高了钛粉松装密度,消除了钛粉颗粒内部的缩孔和缩松,改变了钛粉颗粒表面形貌,并且提高了钛粉纯度。朱郎平等对射频等离子体球化过程进行了数值模拟。结果显示,等离子体温度过高时会导致太小的 TiAl 粉末颗粒蒸发;气流量对收粉率有较大的影响,不同大小的颗粒应设置相应的气流量来提高收粉率。

等离子体技术在等离子体切割、等离子体喷涂、等离子体冶炼熔炼、等离子体化工合成等领域得到了广泛应用,在薄膜制备、纳米粉合成方面,已实现产业化。尽管等离子体技术在粉体处理、制备的工业化应用方面还存在诸多问题,但这一技术的应用开发已是大势所趋。

1.3.5 机械球磨加等离子体球化两步法

机械球磨加等离子体球化两步法是指先将高纯 Ti 粉、Al 粉和其他合金元素按指定的成分配比后进行机械球磨,然后通过等离子体球化设备球化处理,最后获得颗粒细小、粒度均匀分布、球形度较高的 TiAl 合金粉末。

佟健博采用高能球磨与反应合成相结合的方法制备了高 Nb-TiAl 合金粉末,并对粉末进行了射频等离子体球化处理。结果显示,TiAl 合金粉末球化率接近 100%,平均粒径为 9.6 μm,粒径均匀性指数为 0.662。

Polozov 等以气雾化(GA)法和机械合金化等离子球化(mechanical alloying plasma spheroidization,MAPS)方法制备的 Ti-48Al-2Cr-2Nb 合金粉末为原料,研究了激光粉床熔融(laser power bed fusion,LPBF)技术参数(预热温度)对材料的微观组织和力学性能的影响。结果表明,在 900 ℃ 预热温度下可制备出相对密度为 99.9% 的无裂纹 TiAl 金属间化合物。与 GA 粉末相比,MAPS 粉末中的氧含量有所增加,导致抗压强度和应变较低,但显微硬度较高。

Tong 等采用机械合金化反应合成和等离子球化技术相结合的方法,开发了一种制备致密 TiAl-Nb 合金微细球形粉末的工艺。实验过程为:TiH_2、Al、Nb 粉末先用高能球磨机混合细化,然后在 600~1 200 ℃ 不同温度下热处理 2 h,再通过射频等离子体熔化 TiAl-Nb 合金粉末,最后快速凝固成微细球形的 TiAl-Nb 合金粉末。测试分析结果表明,TiAl-Nb 合金粉末成分均匀性良好、球形性较高。同时,所得到的球形粉末具有均匀的等轴晶组织,以过饱和的 α_2-Ti_3Al 相为主。粉体的平均粒径为 9.6 μm,分布均匀性为 0.622。

路新等以 EIGA 法制备的 Ti-47Al 预合金粉末(粒径为 178~840 μm)为原料,采用高能球磨和射频等离子体球化技术进行粉末细化与球化处理,最终得到了粒径分布窄、球形度较高的微细 TiAl 基合金粉末。但是,由于机械合金化和射频等离子体球化过程中的环境气氛并不纯净,导致了粉末的氧氮等杂质的含量较高,这在一定程度上阻碍了机械合金化等离子体球化的制粉效果。

1.4　金属增材制造技术

增材制造技术又称 3D 打印成形技术,是直接从物体的三维模型逐层累加制造,最终得到近净成形的物体。美国材料与试验协会(ASTM F2792-12)定义了增材制造的标准术语,即与减材制造工艺相反,增材制造过程是通过层与层的叠加,直接从物体的三维模型以添加材料的方式制造出物体模型。增材制造技术是基于离散与堆积的原理,即在计算机的辅助下,通过对实体三维模型进行修复、切片处理,把三维实体的制造转换成多个二维层面沿成形方向上的连续堆积和叠加,最终实现三维实体的制造。金属 3D 打印成形相对于传统的成形工艺具有如下技术特点。

(1)使用高功率的能量束(如激光束、电子束、等离子束等)将熔点高、难加工的金属材料直接加工成最终产品。

(2)制造的金属零件具有冶金结合的特点,其致密度几乎能达到 100%,性能超过传统铸造件,与锻造件接近。

(3)采用分层实体制造技术,成形件不受几何复杂度的影响,对任意复杂金属零件可直接制造,适用于个性化定制及小批量生产。

(4)零件近净成形,成形精度高,材料利用率高,粉末材料可多次回收利用。

(5)可用的材料来源广泛,陶瓷材料、高分子材料、纯金属材料及合金粉末材料,只要做出颗粒合适的粉末,均可用于增材制造技术。

(6)无模具快速自由成形,制造周期短,小批量零件生产成本低,适于新产品的开发。

(7)材料利用率高。增材制造与传统的减材或者等材制造相反,采用自下而上、逐层累积的方法制造物体的三维模型,大大提高了粉末材料的利用率。

(8)增材制造技术应用领域广泛。目前,增材制造技术发展较快,已广泛应用于航空航天、汽车、医疗、模具、牙科、文化创意、石油化工以及船舶等领域。

增材制造技术与传统制造技术相比,最大的优势在于对产品的几何复杂性没有要求。发展比较成熟的增材制造技术包括黏结剂喷射(binder jetting,BJ)、直接能量沉积(directed energy deposition,DED)、材料挤出(material extrusion,ME)、材料喷射(material jetting,MJ)、选择性激光熔化(selective laser melting,SLM)、片材层压(sheet lamination,SL)、立体光固化(vat photopolymerization,VP)、混合增材制造(hybird manufacturing technology,HMT)。其中金属材料增材制造技术作为增材制造领域的"皇冠上的明珠",受到各个国家的重视,该技术(包括选区激光熔化、直接能量沉积、混合增材制造技术)已广泛应用于航空、医疗、汽车、模具等领域。图1-6列举了常用金属增材制造类型(图中 SLM 为选择性激光熔化,SLS 为选择性激光烧结成形,PBF 为粉末熔融,LENS 为激光熔覆沉积技术;WAAM 为电弧熔丝制造技术;DMD 为直接金属熔融)。

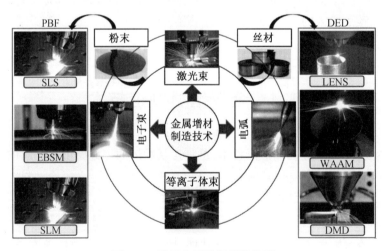

图1-6　常用金属增材制造类型

1.4.1　选择性激光熔化

选择性激光熔化(SLM)是一种基于粉末的增材制造技术。选择性激光熔化技术的大致流程如下:首先,使用计算机辅助设计-计算机辅助制造(CAD-CAM)系统地进行零部件结构设计,再将模型转化为立体光刻(STereo Lithography,STL)文件格式,在这种文件格式中,所有的表面都用多边形近似表达。然后将 STL 文件中的模型按照用户预先指定的层厚,切割成许多个截面,并导入选区激光熔化加工过程的控制计算机中。在加工过程的开始,首先用铺粉工具在基板上铺上一层预先设定厚度(通常为 20~50 μm)的粉末。在整个铺粉过程中,铺粉滚筒重复地在基板上移动并旋转。当铺粉完毕后,Yb:YAG 光纤激光束根据输入的 STL 文件定义的第一层截面形状,按照一定的扫描路径在粉末层上进行扫描。在第一层截面扫描完成之后,成形腔中的平台下移一个层厚的距离。一个加工周期结束后将会重复上述过程直到整个加工过程完成。激光扫描过的区域处的粉末吸收激光的能量,温度迅速升高并熔化,激光束移开后,该处材料温度迅速下降,当温度降到材料熔点以下时,材料凝固成实体,而那些没有被激光扫描过的区域的材料则仍然以粉末的形式存在,并起到支撑材料的作用。整个加工过程在惰性气体(如氩气等)的惰性氛围中进行,以防止氧化、降解以及熔融材料与周围环境的相互作用。加工完成后,所有的支撑粉末将被收集并过筛,以便重复利用。图 1-7 为 SLM 成形原理图。

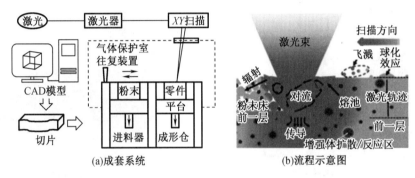

图 1-7　SLM 成形原理图

选择性激光熔化的主要优势如下:

(1)允许生产几何形状复杂的零部件,甚至是通过传统的减材制造技术无法生产的零部件;

(2)是一种近净成形的技术,可以直接生产得到高尺寸精度和低表面粗糙度的最终零件;

(3)相对于其他增材制造,设备相对简单,无须真空环境,也无须考虑激光束对准的问题;

(4)对于单个和小批量生产,选择性激光熔化是一种经济的技术选择。

SLM 技术打破了选择性激光烧结成形技术和成形零部件性能的局限性,其成形材料范围广泛,包括不锈钢、工具钢、镍基合金、钛合金、铝合金以及钛铝金属间化合物等,克服了传统制造工艺中存在的成形周期长、成形质量差、后处理工序烦琐等问题。

1.4.2　选择性激光烧结成形

选择性激光烧结成形(SLS)是将材料粉末铺洒在已成形零件的上表面,并刮平;用高强度的二氧化碳激光器在刚铺的新层上扫描出零件截面;材料粉末在高强度的激光照射下被烧结在一起,得到零件的截面,并与下面已成形的部分粘接;当一层截面烧结完后,铺上新的一层材料粉末,选择性地烧结下层截面。SLS 技术最大的优点在于选材较为广泛。SLS

与 SLM 最大的区别是使用的粉末在激光成形过程中不会熔化,即 SLS 不会熔化粉末,而是将其加热到一定程度,以便可以在分子水平上融合在一起。

1.4.3　电子束选区熔化

电子束选区熔化(EBSM)技术与其他粉末床熔化技术不同,其使用高能束或电子在金属粉末颗粒之间引发熔化。聚焦的电子束扫过粉末的薄层,在特定的横截面区域上引起局部熔化和固化。建立这些区域以创建实体。与 SLM 和 SLS 类型的 3D 打印成形技术相比,EBSM 技术通常具有更高的构建速度,因为它具有更高的能量密度。图 1-8 为 EBSM 成形原理图。

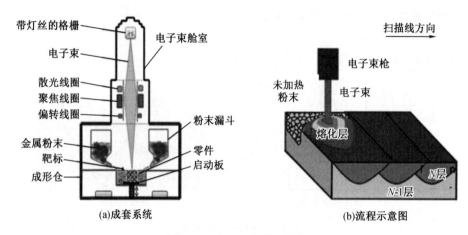

图 1-8　EBSM 成形原理图

需要注意的重要一点是,EBSM 零件是在真空中制造的,该过程只能与导电材料一起使用。

1.4.4　熔融沉积成形

熔融沉积成形(fused deposition modeling,FDM)技术具体原理是将丝状的热熔性材料加热融化,同时三维喷头在计算机的控制下,根据截面轮廓信息,将材料选择性地涂敷在工作台上,快速冷却后形成一层截面。一层成形完成后,机器工作台下降一个高度(即分层厚度)再成形下一层,直至形成整个实体造型。FMD 技术是一种成本较低的增材制造技术,材料价格比较廉价,不会产生毒气和化学污染的危险。但是采用 FDM 技术打印成形后实体表面粗糙,需后续抛光处理。其最高精度只能达到 0.1 mm。

1.4.5　金属黏结剂成形

金属粉末使用聚合物黏结剂进行黏结。使用黏结剂喷射技术可以生产出复杂几何形状的金属物品,远远超出了传统制造技术的能力。但是,功能性金属物品只能通过渗透或烧结等次级过程生产。最终结果的成本和质量通常定义了哪个二次过程最适合特定应用。没有这些额外的步骤,用金属黏结剂喷射制成的零件的机械性能将很差。渗透第二过程的方式如下:首先,金属粉末颗粒使用黏结剂黏结在一起,形成"绿色状态"物体。待物体完全固化后,将其从松散的粉末中取出,放入炉中,烧掉黏结剂。这时物体的密度约为 60%,并且整个区域都有空隙。其次,青铜被用于通过毛细作用渗透到空隙中,从而使物体具有约 90% 的密度和更高的强度。但是,用金属黏结剂喷射制成的物体通常较用粉末床熔合制成的金属零件的机械性能低。二次烧结过程可用于制造不渗透的金属零件。打印完成后,将制件在烤箱中固化。最后,将它们在熔炉中烧结至约 97% 的致密度。

1.4.6　激光熔化沉积

激光熔化沉积(laser metal depostion,LMD)技术是将快速制造(增材制造)的"叠加"原理与激光熔覆相结合,以高能量激光束为能量源,将同步供给的粉末进行激光熔化、快速凝固,采用特制的同轴喷嘴在基板上逐层沉积,从而实现三维零件的直接制造。LMD 技术的成形装置包括激光器、送粉系统、计算机数字控制机床(computer numerical contrel,CNC)系统、带有同轴粉末喷嘴的光学装置以及其他辅助装置。高能量激光束在同轴喷嘴的中心位置沿 Z 轴方向(激光熔化沉积时,支撑成形件的基板所在平面被定义为 X-Y 平面,垂直该平面的方向为 Z 轴方向)传递,通过透镜被聚焦到靠近工作台的位置。LMD 成形过程中,通过控制透镜和粉末喷嘴在 Z 轴方向的位置来调节激光聚焦位置与粉末高度。采用高能量激光束使基材和粉末发生熔化,在基材表面形成微小熔池,熔融粉末在其上方沉积,迅速冷却凝固后相当于形成了一层熔覆层。利用计算机数控系统,根据成形件 CAD 模型的二维离散切片信息,使工件在激光/粉末的相互作用区域内沿着 X-Y 方向移动,从而成形所需截面的几何形状。逐层沉积叠加,最终制造出三维的成形构件。

因此,LMD 技术可用于制造新零部件,修复和再制造磨损或损坏的零部件以及制备耐磨耐蚀的涂层。目前,LMD 技术已成功制备多种高熔点合金零部件,如铁基不锈钢、钛基 Ti6Al4V、镍基 Waspaloy、Inconel 625 和 Inconel 718。此外,已有大量研究证明,LMD 技术由于其在材料选择和成形形状方面的高灵活性,被广泛地应用于制造高性能复杂结构的金属基复合材料零件。

1.5　市场需求分析

我国目前 3D 打印金属材料耗材主要依靠进口,本书力图以价格低廉的金属粉末为原料,制备出昂贵的 3D 打印金属粉体,不仅能提高产品的附加值,同时还能扭转金属粉体球化设备只能从日本、德国等发达国家进口的局面,为我国 3D 打印产业的发展铺平了道路。本书所述项目的实施,对于打破日本、欧美等大公司的技术垄断,提升我国金属加工水平以及我国 3D 打印产业的快速发展均具有重大的意义。等离子体球化技术制备球形钛合金粉末在国内尚处于起步阶段,还未有产业化的报道。因此,这项技术可填补该研究领域的国内空白,降低 3D 打印金属耗材的价格,实现 3D 打印钛合金产品的民用生产。

近年来,随着 3D 打印概念及应用的逐渐普及,3D 打印材料也面临着大幅度的市场需求。有调研报告显示,截至 2022 年,全球 3D 打印市场市值为 8 亿美元,预计到 2025 年,全球 3D 打印市场市值将达到 80 亿美元。

本书的材料加工以钛粉、钛合金粉[以 TC4 粉为主(Ti-6Al-4V)]球化处理为例。随着 3D 打印和金属注射成形技术的发展,人们对球形钛粉、TC4 粉的需求将越来越大。目前,钛粉的球化技术主要为雾化制粉和等离子体旋转电极制粉。这两种技术都有自身的缺陷,气雾化技术易于形成连体颗粒且颗粒内部有气孔,因为电极转速的制约,旋转电极技术所制备的粉末粒度较粗大,一般大于 100 目,而细颗粒的金属球形钛粉(−325 目)是目前 3D 打印和金属注射成形技术所亟须的。Tekna 等公司虽然采用高频感应等离子制备出了细颗粒球形钛粉,但是因为高频产生等离子体温度过高,导致相当一部分细颗粒原料钛粉极易气化,气化的小金属粒子黏附在熔融的金属钛粉颗粒表面,很难去除,致使最终球形金属粉体比表面增大,球形粉体的氧含量偏高,而 3D 打印技术对钛粉的氧含量要求又很苛刻。因此,Tekna 公司投入大量人力物力去除其表面黏附的小金属粒子,导致产品成本大幅度提高。而采用低温等离子体设备,则可克服上述弊端,实现钛粉、铬粉等较低熔点粉体的球化,同时避免其汽化。目前,国内原料钛粉(−325 目)的市场售价为 160~180 元/kg,经低温等离子设备球化处理后,其成本如下。

每千克低温等离子球形钛粉成本核算:

气体消耗(液氩):13 元;

电耗:11 元;

原料:168 元;

设备折旧:25 元;

人工费:12 元;

损耗件:15 元;

共计:244 元。

而球形钛粉(−325 目)国际售价约 200 美元/kg(约 1 248 元/kg),每千克球形钛粉利润约为

$$1\ 248-244=1\ 004\ 元$$

以单台等离子设备保守核算,其每年约生产 1 t 球形钛粉,可获得净利润约为

$$1\ 000\times1\ 004/10\ 000=100.4\ 万元$$

北美、欧盟市场每年对球形钛粉的需求量约为数百吨,且有逐年增大的趋势,所以产品市场前景极为良好,投资回报率高。

第 2 章 金属增材制造及分析测试

2.1 增材制造用球形金属粉末制备技术

2.1.1 等离子体旋转电极法制粉

目前国际上生产高品质球形金属(合金)粉末的主要工艺技术有氩气雾化(GA)法制粉和等离子体旋转电极法(PREP)制粉两种。本书采用的等离子体旋转电极法制粉原理图及设备总装图和设备照片如图 2-1 和图 2-2 所示。其制粉基本原理为:以金属或合金制成自耗电极,其端面受电弧加热而熔融为液体,通过电极高速旋转的离心力将液体抛出并粉碎为细小液滴,冷凝过程中在表面张力的作用下最终得到球形粉末。同气雾化工艺相比,等离子体旋转电极法制粉技术具有设备结构紧凑、技术参数控制简单、粉末粒度范围窄、粉末颗粒表面光滑洁净和生产效率高等优点。PREP 制粉通常采用电弧炉二次熔炼的合金棒为电极,为了消除合金棒内铸造缺陷,一般会对合金棒进行挤压或热等静压处理,然后再二次加工成所需尺寸。

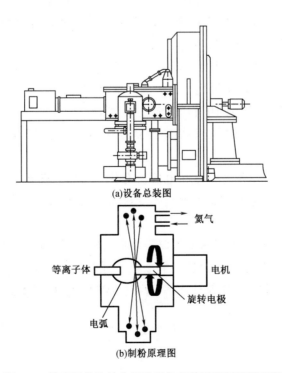

(a)设备总装图

(b)制粉原理图

图 2-1　等离子体旋转电极法设备总装图及制粉原理图

图 2-2 SL-ZFDW 型高速等离子体法旋转电极雾化设备

采用低转速 PREP 制备金属粉末时,电极合金棒直径为 70 mm,长度为 305 mm,向雾化室内通入体积分数为 99.99% 的高纯氩气,压力为 0.02 MPa。在 18 000~25 000 r/min 调节电极棒转速,得到合金粉末。当采用高转速 PREP 制备金属粉末时,电极合金棒直径为 30 mm,长度为 150 mm,向雾化室内通入体积分数为 99.99% 的高纯氩气,压力 0.02 MPa。在 32 000~50 000 r/min 调节电极转速,得到合金粉末。制得的合金粉末在真空下,采用震动筛分机进行分级筛分,晒网目数分别为 150 目、200 目和 325 目。

2.1.2　热等离子体球化制粉

热等离子体球化制粉原理图及设备样机如图 2-3 所示。热等离子体特别适用于难熔和高纯粉末球化工艺,因为它没有电极烧损带来的污染。同时热等离子体的高温区体积比较大,而气体速度比较小,这就使它成为高温材料加工(要求融化和汽化)的理想工具。更重要的是它可以使用许多气体(O_2、N_2、Ar、NH_3、CH_4 或混合气)作为等离子工作气,使得等离子体不仅是一个热源,还是一个化学反应源,并且可以合成纯金属粉末和陶瓷化合物(氧化物、碳化物、氮化物)。当使用等离子体设备对原料进行汽化时,材料将以粉末的形式被载流气体从轴向喷射进电离室的中心,粉末接触到等离子体,在空中被加热、溶化,并在重力作用下,下降进入球化室,在低温环境中得到冷却,并在表面张力作用下凝固成球形,实现球化过程。

由于熔化在空中发生,等离子体和电极没有任何接触。热等离子提供了无污染的方法,所以特别适用于高纯度材料球化,而且不受材料融化温度的限制,是热等离子法的一个非常重要的优点。

热等离子体技术特别适用于粉末等离子球化处理过程,因为等离子体的体积大,在轴向送粉过程中与颗粒接触停留时间长。单个粒子可以在飞行中熔融成球形颗粒,增加密度,提高纯度,发生合金化。特别是球化率可高达95%以上,可以做到其他球化方法难以达到的球化率要求。

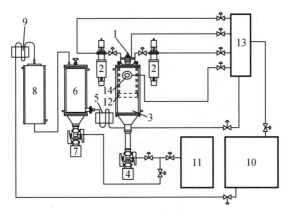

(a)成套系统　　　　　　　　　　　　　(b)设备照片

1—等离子发生器;2—送粉器;3—反应室;4—集料罐;5—换热器;6—过滤器;7—集料罐;
8—除气器;9—换热器;10,11—储气罐;12—粉末刮刀;13—控制柜;14—观察口。

图 2-3　热等离子体球化制粉原理图及设备样机

球化工艺具有以下特点。

1.减少粉末的易碎性、脆性

因为球化过程减少了粉末的边角、褶皱、碎屑、成品部件和涂层的磨损。球化处理移除内部缺陷或内部薄弱组织,最终提高粉末性能。

2.增加粉末的密度

增加粉末的振实密度以及粉末颗粒的密度,会使得部件和涂层的密度增加。

3.降低多孔性

在飞行融化的过程中,粉末内的多孔被消除,提高了密度。

4.提高流动性

球化粉末流动性佳,可实现更高的送粉速率,并且没有堵塞问题。

5.提高纯度

通过选择性/反应性的蒸发杂质,飞行熔化过程也可以用于提高粉末纯度。净化设备可以很容易和迅速地提高初始材料的纯度(10~100)倍。经过一次或多次的处理,污染物水平可以降低到 ppm 或 ppb 级的含量水平,这也和原料的初始成分有关。

2.1.3　真空熔炼气雾化制粉

用于真空熔炼气雾化制粉的成套系统及设备照片如图 2-4 所示,其工作原理及步骤如下。

(1)熔炼:炉内抽真空,坩埚内原料在真空环境中感应加热熔化,达到工艺要求后,金属液浇入中间包保温坩埚,经保温坩埚底部导流孔流入雾化喷嘴;

(2)雾化:雾化喷嘴通入高压惰性气体,经过拉瓦尔结构腔体加速,形成超音速气流,将落入雾化区的金属液冲击破碎,使其雾化成细微的金属液滴;

(3)粉末收集:液滴在空中受表面张力变为球形颗粒,在雾化室内快速冷却凝固为金属粉末,再经过旋风分离系统将金属粉末收集。

(a)成套系统   (b)设备照片

图2-4 真空熔炼气雾化制粉的成套系统及设备照片

真空熔炼气雾化法制粉具有如下工艺特点：

(1)适用性强,可制备多种合金系金属粉末,典型产品有不锈钢、模具钢、高温合金、钴铬合金、铝合金等;

(2)入炉料多样,可选择合金配料、母合金、粉末返回料;

(3)冷速快,液滴凝固速率达到103~106 K/s,粉末的凝固组织为细小微晶组织;

(4)粉末纯净度高,真空下精炼合金,气体、杂质含量低;

(5)粉末质量好,如果采用紧耦合或自由式气雾化喷嘴技术,球形度高,粒度可控;

(6)操作简便,生产准备时间短,可连续批量生产。

但是在该项技术中,由于采用惰性气体对金属液进行冲击破碎,极易导致制备的粉末中含有大量卫星粉和空心粉,这将大大降低粉末品质。

2.1.4 机械合金化制粉

采用机械合金化制粉法可制备 nano-TiCp/GH3536 复合粉末。将 15~53 μm 的 GH3536 粉末[98%(质量分数)]及 50 nm 不规则形状纳米 TiC 颗粒[2%(质量分数)]装入不锈钢球磨罐中,然后置于 QM-QX 全方位行星式球磨机(图2-5)中混合得到 MA 预制粉末。磨球选用直径分别为 10 mm 和 6 mm(质量比1:1)的不锈钢球,球料比分别为 5:1 和 10:1,填充系数为 0.5,球磨机转速为 100~300 r/min,球磨时间为 1~11 h。为防止引入 O、N 等杂质元素,球磨过程采用氩气气氛保护,且不使用过程控制剂。

2.1.5 球化处理后金属粉末筛分及净化

高品质球形金属粉末镍基、钛基复合材料制备、成形及应用的基础,将为改善其制备技术、扩大实际应用起到积极的作用。制备高品质球形镍基、钛基合金粉末的有效技术,主要有惰性气体法、等离子体旋转电极雾化法、射频等离子体球化法、机械合金化结合热等离子球化法等。但是利用上述方法制备合金粉末时易出现一些夹杂物,如灰尘、氧氮有害元素、原始粉末颗粒边界物、极细纳米粉等。

图 2-5　QM-QX 全方位行星式球磨机

金属粉末清洗的方法主要有人工清洗法、机械搅拌清洗法、超声波清洗法、浮选法等。人工清洗法存在劳动强度大、翻洗不均匀、工作效率低等缺点。机械搅拌清洗涤时搅拌阻力大,使得转动轴的扭矩大,容易造成转动轴损伤,增加了维修成本。超声波法洗涤时可以使金属粉末与清洗剂充分接触,加速夹杂物与金属粉末的分离,具有良好的清洗效果。浮选法是由于水的搅动引起空气进入水中时,表面活性剂的疏水端在气液界面向气泡的空气方向移动,亲水端仍在溶液内,形成了气泡,利用晶体表面的晶格缺陷,而向外的疏水端部分地插入气泡内,这样在浮选过程中气泡就可能把金属粉末中的夹杂物、极细粉末清除。

但是,现有金属粉末清洗并没有一套系统化、智能化、便捷化及节能化的完整装置,生产成本、工作效率、绿色环保等问题亟待解决。为此,著者设计发明了一套智能、便捷、环保的粉末筛分及净化装置(图 2-6),成功地解决了目前金属粉末清洗过程中存在的问题。该装置包括底座、支架、浮选清洗槽、回收槽、目数可调筛网、超声波发生仪、搅拌器、污水处理器、抽水泵、通水管及电路控制系统。浮选清洗槽使用横支架及垂直支架固定,其底部安装有超声波发生仪及搅拌器,回收槽放于置物架上。去离子水由进水管道流入浮选清洗槽,通过超声波发生仪、搅拌器和筛网的作用,使混合粉末逐层分离。目标金属粉末经清洗后留于浮选清洗槽的筛网中,悬浮物和极细粉末由回收槽中的筛网回收。废液经污水处理后,通过抽水泵可流回浮选清洗槽。粉末主要处理步骤及注意事项如下。

(1)清洗金属混合粉末时需加入少量分散剂,种类有焦磷酸钠、多偏磷酸钠、正磷酸钠、氯化钙、油酸等。一般的铁镍基合金粉末选用焦磷酸钠,钛基合金粉末选用多偏磷酸钠颗粒,碳化硅粉末选用正磷酸钠。

(2)浮选清洗槽左侧通有进水管,由电磁阀门 1 控制。浮选清洗槽、悬浮物回收槽、极细粉回收槽中的水位不易过高,应控制在水位警戒线以下为宜。

(3)超声波发生仪、搅拌器位于浮选清洗槽下方,与支板固定良好。搅拌器的搅拌速度不宜过快,应控制在 200 r/min 以内,防止液体飞溅。

(4)浮选清洗槽右下侧通有极细粉排液管,由电磁阀门 3 控制,右下侧通有悬浮物排液管,由电磁阀门 2 控制。悬浮物回收槽、极细粉回收槽右侧设置废液回收管,分别由电磁阀门 4、5 控制。

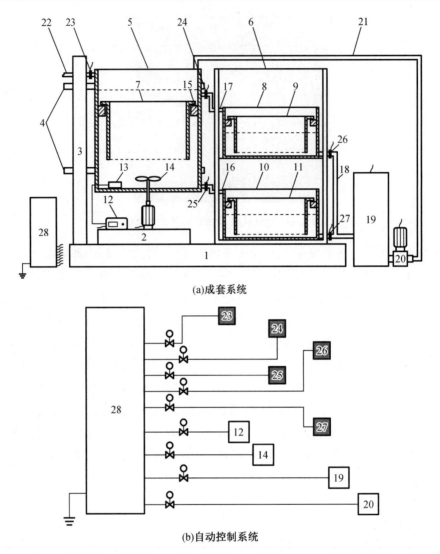

(a)成套系统

(b)自动控制系统

1—底座;2—支板;3—垂直支架;4—横支架;5—浮选清洗槽;6—置物架;7、9、11—目数可调筛网;8—悬浮物回收槽;
10—极细粉回收槽;12—超声波发生仪;13—超声波振子;14—搅拌器;
15—挡板;16—极细粉排液管;17—悬浮物排液管;18—废液回收管;19—污水处理器;20—抽水泵;21—出水管;
22—进水管;23—电磁阀门1;24—电磁阀门2;25—电磁阀门3;26—电磁阀门4;27—电磁阀门5;28—自动控制系统。

图2-6 粉末处理装置

(5)极细粉回收槽顶部的水平高度应低于浮选清洗槽的底部,方便液体流通。污水处理器的放置于本装置的最低处,方便收集废液。

(6)超声波发生仪、搅拌器、污水处理器、抽水泵、电磁阀门组成一整套电路系统,由自动控制仪控制。所有仪器的功率、电流、电压、转速、阀门开关具有实时在线监测及调整设备工作参数的功能。超声波发生仪功率为 $600\sim1\,200$ W,频率为 40 kHz;搅拌器功率为 $750\sim1\,500$ W;电磁阀门最大压力为 1 MPa,流量为 $0\sim10$ kg/cm^3;悬浮物排液管、极细粉排液管、废液回收管、出水管及进水管内径统一为 32 mm。

与现有技术相比,本实用新型装置具有以下优势:①通过浮选、网筛解决了金属粉末中夹杂、极细粉多的问题,实现了混合粉末逐层分离,有利于高品质金属粉末生产;②拥有废液处理系统,避免了水资源的浪费,节约能源;③具备电路自动控制系统,所有仪器的电流、电压、功率、频率、转速、阀门开关、水流速度具有实时在线监测及调整设备工作参数的功能,智能、方便、快捷。

2.2　金属增材制造成形装置

2.2.1　选择性激光熔化成形

华曙高科 FS271M 和 EOS M290 金属 3D 打印机可分别对研制出的钛合金、高温合金及其复合材料粉末进行选区激光熔化成形,其设备如图 2-7 和图 2-8 所示。

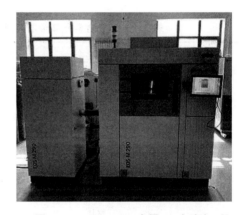

图 2-7　华曙高科 FS271M 金属 3D 打印机图　　　图 2-8　EOS M290 金属 3D 打印机

所用粉末粒径范围为 15~53 μm,其中钛合金选择性激光熔化成形技术参数见表 2-1,高温合金及其金属基复合材料选择性激光熔化成形技术参数见表 2-2。

表 2-1　钛合金选择性激光熔化成形技术参数

扫描功率 /W	扫描速率 /(mm/s)	扫描间距 /mm	粉末层厚 /mm	能量密度 /(J/mm³)
150	700	0.1	0.03	71.43
	1 000			50.00
160	800	0.1	0.03	66.67
	900			59.26
	1 000			53.33

表2-1（续）

扫描功率 /W	扫描速率 /(mm/s)	扫描间距 /mm	粉末层厚 /mm	能量密度 /(J/mm³)
170	900	0.1	0.03	62.96
170	1 000	0.1	0.03	56.67
170	1 100	0.1	0.03	51.52
180	900	0.1	0.03	66.67
180	1 000	0.1	0.03	60.00
180	1 100	0.1	0.03	54.54
190	900	0.1	0.03	70.37
190	1 000	0.1	0.03	63.33
190	1 100	0.1	0.03	57.58

表2-2　高温合金及其金属基复合材料选择性激光熔化成形技术参数

扫描功率 /W	扫描速率 /(mm/s)	扫描间距 /mm	粉末层厚 /mm	能量密度 /(J/mm³)
40	900	0.1	0.03	88.9
40	1 000	0.1	0.03	80.0
250	800	0.1	0.03	104.2
250	900	0.1	0.03	92.6
250	1 000	0.1	0.03	83.3
260	800	0.1	0.03	108.3
260	900	0.1	0.03	96.3
270	800	0.1	0.03	112.5
270	900	0.1	0.03	100.0
290	800	0.1	0.03	120.8
310	800	0.1	0.03	129.2

选择性激光熔化能量密度 E 计算公式为

$$E = \frac{P}{htv} \tag{2-1}$$

式中　t——打印层厚，μm；

　　　P——激光功率，W；

　　　v——扫描速度，m/s；

　　　h——扫描间距，μm。

在打印过程中，当铺粉层厚度和扫描间距固定时，激光功率和扫描速度是影响激光能量密度的主要因素，进而也影响着材料的微观组织和力学性能。同时原料粉末的初始性能也会对打印件的组织及性能产生影响。

2.2.2 电子束选区熔化成形

Sailong Y150 粉床电子束 3D 打印机如图 2-9 所示,其可对研制出的钛铝合金粉末进行 3D 打印验证,所用原料粉末粒径为 15~105 μm。打印过程中主要技术参数见表 2-3 和表 2-4。

图 2-9 Sailong Y150 粉床电子束 3D 打印机

表 2-3 Sailong Y150 粉床电子束 3D 打印成形主要技术参数

扫描电流/mA	扫描速率/(m/s)	扫描间距/mm	粉末层厚/mm
11.5	4	0.1	0.05
13.5	4	0.1	0.05
12.5	4.5	0.1	0.05
14.5	4.5	0.1	0.05

表 2-4 Sailong Y150 粉床电子束 3D 打印成形其他技术参数

项目		参数值
底板预热温度/℃		1 020 ℃
预热扫描间距/mm		0.8
铺粉预烧结技术	电流/mA	45
	离焦量/V	0.20
	时间/s	22~27
铺粉前热补偿	电流/mA	45
	离焦量/V	0.20
	时间/s	12~17

2.3 分析测试方法

2.3.1 样品形貌表征

对于等离子体球化处理前后粉末,利用扫描电子显微镜进行粉末形貌及微观组织的观察,并结合能谱仪对粉末中元素含量进行定性的测试和分析。

Carl Zeiss-Axio Vert. A 1 倒置金相显微镜及 S-570、S-4700 和 FEI-Sirion 型扫描电子显微镜对金属粉末和 3D 打印合金形貌进行分析。试样磨抛后需进行腐蚀处理,才能更好地观察到截面的微观组织形貌,腐蚀试剂为 $V(\mathrm{HF}):V(\mathrm{HNO_3}):V(\mathrm{H_2O})=5:10:85$ 的 Kroll 试剂,腐蚀时间为 20 s。

2.3.2 粉末球化率计算

粉末球化率即为球形粉末所占粉末总数的比例。为了真实反映粉体的球化情况和表征的方便可行,随机选取样品,每个样品取样统计 5 次,在扫描电镜视场下对球形颗粒数目进行统计,然后取算术平均值作为该样品的粉末球化率。

形状因子(shape factor)是对颗粒形状进行定量表征的参数,其定义方法有 9 种,其中圆度(circularity)是基于二维图像分析的形状因子,其计算公式为

$$\varPhi = \frac{4\pi A}{P^2} \tag{2-2}$$

式中,$\varPhi$ 为颗粒圆度;A 为颗粒的投影面积;P 为全部投影周长。

本书对于钛合金粉末颗粒球形因子的定义采用圆度计算公式,通过计算颗粒的球形因子定量表征其球形度。

2.3.3 粉末粒度粒形分析

Easizer30 型激光粒度分析仪如图 2-10 所示,其可对钛合金粉末的粒径分布情况进行测定。激光粒度分析仪是根据光的散射原理测量粉末颗粒大小的,具有测量的动态范围大、测量速度快、操作方便等优点,是一种适用面较广的粒度分析仪。原理上,其可以用于测量各种固体粉末、乳液颗粒、雾滴的粒度分布。激光粒度分析仪是根据颗粒能使激光产生散射这一物理现象测定粒度分布情况的。由于激光具有很好的单色性和极强的方向性,所以一束平行的激光在没有阻碍的无限空间中将会照射到无限远的地方,并且在传播过程中很少有发散的现象。

对于亚微米粉末,其粒径可采用 Malvern Zetasizer Nano series 粒度分析仪进行测量,如图 2-11 所示。

当光束遇到颗粒阻挡时,一部分光将发生散射现象。散射光的传播方向将与主光束的传播方向形成一个夹角 θ。散射理论和实验结果都告诉我们,散射角 θ 的大小与颗粒的大小有关,颗粒越大,产生的散射光的 θ 角就越小;颗粒越小,产生的散射光的 θ 角就越大。在光路中,散射光 I_1 是由较大颗粒引起的;散射光 I_2 是由较小颗粒引起的。进一步研究表明,

散射光的强度代表该粒径颗粒的数量。因此,从不同的角度测量散射光的强度,就可以得到样品的粒度分布了。

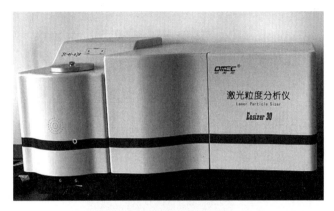

图 2-10　Easizer30 型激光粒度分析仪

Malvern Morphologi 4 全自动粒度粒形分析仪如图 2-12 所示,其可分析粉末的球形度。仪器通过扫描光学显微镜下的样品捕捉单个颗粒的图像。其测试原理是采用光学显微镜成像于电脑,观察粉末形貌。使用垂直投影法测量粉末尺寸,分别测量出粉末的长轴和短轴,长短轴之比小于或等于 1.2 的视为球形,通过统计和计算获得粉末的球形度。

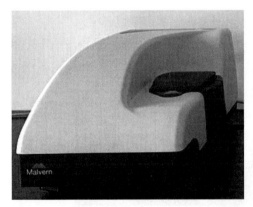

图 2-11　Malvern Zetasizer Nano series 粒度分析仪

图 2-12　Malvern Morphologi 4 全自动粒度粒形分析仪

2.3.4　X 射线衍射物相分析

采用 X 射线衍射仪对射频等离子体处理前后样品的物相组成进行测试分析。采用 X Pert3 Powder 型 X 射线衍射仪对粉末成分进行分析,如图 2-13 所示。

2.3.5　粉末特性测试

粉末松装密度,采用国际标准《金属粉末 松装密度的测定 第 2 部分:斯柯特容量计法》(GB/T 14.79.2—2011/ISO 3923/2:1981)测量粉末的松装密度(ρ_a)。具体操作包括:将金属粉末倒入 25 cm³ 量杯内,直到充满溢出为止;用不锈钢刮板将量杯上的多余粉末刮平;称量量杯内粉末的质量,精确至 0.05 g。上述操作重复 3 次。则 $\rho_a = m/V = m/25$。结果取平均值,并精确至 0.01 g/cm³。

图 2-13   X Pert3 Powder 型 X 射线衍射仪

粉末流动性测定,采用国际标准《金属粉末流动性的测定 标准漏斗法(霍尔流速计)》(GB 1482—84),即将 50 g 粉末倒入标准漏斗内,统计粉末从漏斗口完全流出所用的时间,此操作重复 3 次,结果取平均值。图 2-14 为测量装置。

图 2-14   粉末流动性及松装密度测量装置

2.3.6   粉末含氧量测定

用氧氮测定仪、碳硫测定仪和定氢仪对等离子体球化处理前后的粉体含 C、H、O、N 量检测。采用美国 LECO 公司 O-N 736 联测仪分析粉末氧、氮元素质量分数,如图 2-15 所示。

测试方法是将预称重的约 1 g 样品放入石墨坩埚中在脉冲炉中加热。惰性载气通常是氦气。将样品中释放的各种气体吹出炉子,经过质量流量控制器后,它们进入检测系统,样品中的氧和石墨发生反应生成 CO 和 CO_2,气体接着进入催化炉,CO 被氧化成 CO_2 并进入红外池检测,随后 CO_2 和 H_2O 被过滤试剂去除,剩余气体进入热导池,热导池最后完成氮的测量。检测系统用红外池和热导池。红外检测池根据 CO_2 可吸收独特波长红外光能量的特性来检测。热导池的工作原理:池体电桥电路中加热灯丝在载气流过时输出恒定的电压,载气中成分的变化会改变灯丝的电阻,样品释放出的 N_2 随载气进入热导池后改变了灯丝电阻,同时也使热导池输出电压上升。在测量未知含量的样品前,要先用标准样品进行校正。

图 2-15　LECO O-N 736 联测仪

2.3.7　粉末合金元素含量测定

根据《海绵钛、钛及钛合金化学分析方法第 8 部分:铝量的测定 碱分离-EDTA 络合滴定法和电感耦合等离子体原子发射光谱法》(GB/T 4698.8—2017)、《海绵钛、钛及钛合金化学分析方法第 12 部分:钒量的测定 硫酸亚铁铵滴定法和电感耦合等离子体原子发射光谱法》(GB/T 4698.12—2017)和《海绵钛、钛及钛合金化学分析方法第 13 部分:锆量的测定 EDTA 滴定法和电感耦合等离子体原子发射光谱法》(GB/T 4698.13—2017)可测定钛合金粉末中铝、钒和锆元素含量。

2.3.8　力学性能测试

采用 WDW-200E 万能材料试验机(图 2-16)对试样进行拉伸测试。测试的样品取平行基板打印的方向试样,然后根据《金属材料 拉伸试验 第 1 部分:室温试验方法》(GB/T 228.1—2010)、《金属材料 拉伸试验 第 2 部分:高温试验方法》(GB/T 228.2—2015)进行力学性能测试。试样尺寸如图 2-17 所示,引伸计标矩 20 mm。

图 2-16　WDW-200E 万能材料试验机

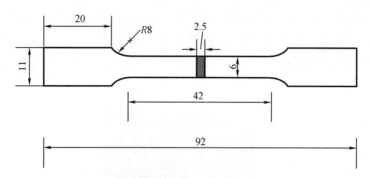

图 2-17　片状拉伸试样尺寸(单位:mm)

2.3.9　硬度检测

将不同工艺打印的成形件依次用 600 目、1 000 目的砂纸打磨,去除氧化层,且致表面光洁平整为止。使用 HBRV-187.5 硬度仪进行测试,每个试样表面取 3 个不同位置进行测试,并取其算数平均值。

2.3.10　热处理

采用 VAF 型真空烧结炉对 SLM 成形钛合金进行后续热处理。在常温下,钛的化学性质较为稳定,表面会形成一层致密的氧化膜,阻止其进一步反应。但是在高温下的钛非常活泼,易与卤族元素、氧、硫、碳、氮等发生强烈反应。所以样品的退火处理必须在惰性气氛或真空下进行,以 5~10 ℃/min 的速率升温到 800 ℃,并保温 2 h,随炉冷却,真空度低于 100 Pa。根据 GH3536 合金的特点制定两种热处理制度,即时效热处理(HT1)和固溶+时效热处理(HT2)。热处理选取两组 SLM 试样进行试验。热处理采用合肥科晶材料技术有限公司生产的 OTF-1200X 型号真空管式炉,升温速率 10 ℃/min。热处理设备如图 2-18 所示,热处理技术见表 2-5。

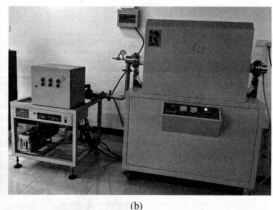

(a)　　　　　　　　　　　　　　　(b)

图 2-18　热处理设备

表 2-5　SLM 成形 GH3536 热处理技术

技术	过程
时效热处理(HT1)	720 ℃/8 h+620 ℃/8 h 炉冷
固溶+时效热处理(HT2)	980 ℃/1 h/水冷+720 ℃/8 h+620 ℃/8 h 炉冷

2.3.11　相对密度、致密度检测

材料的实际密度和孔隙度直接反映了其致密情况,而激光成形件的孔隙较小,一般肉眼难以观察。材料密度一般用称量法来测定(孔隙率测定也可以借助体积密度的测定来进行),其质量用分析天平一般能获得较精确的数值(m_1),但是其体积(V)即使通过量具也不一定能准确测出,所以根据阿基米德原理,先将待测样品表面均匀涂上凡士林,然后用质量很小的细铜丝缠住,并将其完全浸没在烧杯中的水溶液中又不与杯壁相接处,称出样品浸入后的质量(m_2)。最后根据公式(2-3)求出待测样的准确体积,并代入公式(2-4)算出其实际密度。

$$V = \frac{m_2}{\rho_水} \tag{2-3}$$

$$\rho_{Ti} = \frac{m_1}{V} \tag{2-4}$$

依照《致密烧结金属材料与硬质合金密度测定方法》(GB/T 3850—2015/ISO 3369:2006)标准利用精度为 $1×10^{-3}$ g 的 AE124J 密度天平,采用浮力法确定固体密度。通过阿基米德原理计算密度。浸在液体里的物体受到向上的浮力作用,浮力的大小等于被该物体排开的液体的质量。其原理如下:

$$\rho_实 = \frac{m_1\rho_液}{m_1 - m_2} \tag{2-5}$$

式中　m_1——试样在空气中的质量;

　　　$\rho_液$——20 ℃水的密度;

　　　m_2——试样在液体中的质量。

2.3.12　热导率

复合材料与基体的热导率测试在德国 Thermal Diffusivity 公司的 NETZSCH LAF 427 Analysis 激光导热分析仪(图 2-19)上进行,图 2-20 是该设备工作原理示意图。测试温度为室温,试样尺寸为 ϕ12.7 mm×3 mm,要求圆片试样的上下两个面保持严格平行。其原理是闪光扩散法,又称激光闪射法,是一种用于测量高导热材料与小体积样品的技术。应用闪光扩散法时,平板形样品在炉体中被加热到所需的测试温度。随后,由激光仿生器或闪光灯产生的一束短促(<1 ms)光脉冲对样品的前表面进行加热。热量在样品中扩散,使样品背部的温度上升。用红外探测器测量温度随时间上升的关系。

 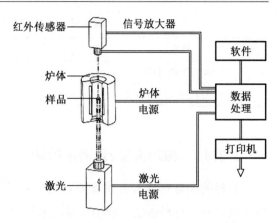

图 2-19 NETZSCH LAF 427 Analysis 激光导热分析仪　　图 2-20 激光导热分析仪工作原理示意图

采用非稳态导热系数测试法——激光扩散法,可直接测量材料的热扩散性能,然后在已知样品的比热容和密度的情况下,通过计算求得导热系数。

$$\lambda = \alpha C \rho \tag{2-6}$$

式中　ρ——材料密度;

　　　α——热扩散率;

　　　C——定容热容。

$$C = \frac{1}{\rho_{com}}(V_p \rho_p C_p + V_m \rho_m C_m) \tag{2-7}$$

式中,下标 com、p、m 分别代表复合材料、增强体颗粒和基体。

2.3.13　热膨胀系数

在耐驰 DIL-402C 型热膨胀分析仪(设备结构示意图及设备照片如图 2-21 和图 2-22 所示)上进行 GH3536 的热膨胀行为研究,试样尺寸为 $\phi8\ mm\times25\ mm$。

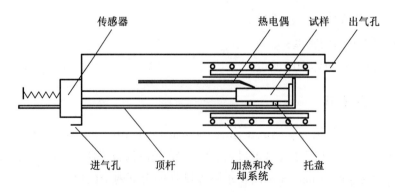

图 2-21　DIL-402C 型热膨胀分析仪结构

为保证测试精度,需注意以下几点。

(1)保证试验所用试样的端面与装卡试样的顶杆轴线相互垂直。

(2)采用导热系数高的氦气进行气氛保护,以保证热交换良好,并防止试样氧化。测试过程中氦气流量为 50 mL/min。

（3）尽量使测试环境保持恒温,尽可能减少噪声和振动。

（4）为了消除设备的系统误差,在相同的试验条件下,采用石英标样进行校验。

图 2-22　DIL-402C 型热膨胀分析仪照片

2.3.14　DSC 分析

NETZSCH DSC 404F3 热差示扫描量热仪对材料进行室温至 1 300 ℃范围的 DSC 分析,升温速率为 10 ℃/min,设备照片如图 2-23 所示。

图 2-23　NETZSCH DSC 404F3 热差示扫描量热仪

2.3.15　射线检测

在 GE-320 射线机上进行打印件的射线无损检测。测试标准参照《射线检验》(GJB 1187A—2001)。

2.3.16　渗透剂检测

渗透剂检测方法是一种利用毛细管原理对金属构件进行无损检测的方法。本研究使用的设备为 HT/FPI. ZHI1800,渗透剂型号为 Zl-60D。测试标准参照《渗透检验》(GJB 2367A—2005)。

第3章　钛合金增材制造技术研究

钛金属作为一种战略性金属材料，具有质量小、强度高、耐腐蚀等特点，是飞机制造、宇宙航天行业所必需的材料，是 3D 打印适用性关键材料，对国家安全、国防建设起着至关重要的作用。一方面，钛合金密度较低（4.50 g/cm³），仅为钢的 60%。航空航天技术的发展要求在减轻小部件质量的同时还要确保不降低机身整体的力学性能，目前用于航空航天产业中的钛合金量约占总用钛量的 50%。由此可见，钛合金已经成为航空航天领域不可或缺的重要材料，如发动机中的压缩机叶片、叶轮、支架、飞机附件、桁条结构等。另一方面，由于钛合金的耐腐蚀性能极佳，故而钛合金被广泛应用于制造潜艇、深潜器、舰船等。如美国的"海崖"号深潜器、日本的"深海 6500"号潜水器和我国的"蛟龙"号潜水器，它们均在关键部位使用了钛合金部件。此外，由于良好的生物相容性，钛合金也被广泛应用于生物医学领域。在医疗器械方面主要是用耳蜗植入物，心脏起搏器与除颤器，心血管、脊柱、神经刺激器等植入产品原料。

目前在制备形状复杂、结构均匀、高性能的钛及钛合金近净成形产品方面，应用最多的是粉末冶金方法，但是粉末冶金技术存在产品致密度不高、综合性能差等问题，难以满足高精度空间结构材料的使用要求。随着计算机技术的普及和三维扫描技术、计算机辅助设计技术、自动控制技术的广泛应用，以及材料学科的迅速发展，研究人员综合运用 3D 打印成形技术（增材制造技术），推动钛合金登上制造产业的前沿舞台，成为第三次工业革命的领跑者。

钛合金增材制造技术主要包括选择性激光熔化（SLM）、激光熔融沉积成形（FDM）和电子束熔化（EBM）等。增材制造具有制备周期短、产品致密度高、性能优良等特点，其原理是用激光或电子束作为热源将钛合金粉末熔化，并以层层叠加的形式制成构件。

增材制造用钛合金粉末的制备方法包括等离子体旋转电极法（PREP）、电极感应熔炼气雾化（EIGA）法以及射频等离子体（RF）法等。其中 PREP 制备的粉末具有球形度高、粒度均匀等特点，但存在细粉收率低的不足；EIGA 法细粉收率虽高，但是存在空心粉和卫星粉，影响粉末球形度及松装密度；RF 法以不规则粉末作为原料，受设备功率及送粉方式影响，生产效率较低，限制其工业化发展。

目前国内采用传统技术制备的钛合金粉末还存在着氧含量高、球形度差、成分均匀性差以及粒度分布不佳等问题，这在一定程度上限制着我国高端钛合金制件 3D 打印产业的进一步发展。

本章重点讨论等离子体旋转电极法以及热等离子体球化法制备高品质球形钛合金粉末过程中，制备方法及制备技术对粉末组织性能的影响规律，并对制备的钛合金粉末进行选择性激光熔化成形，讨论成形技术以及粉末性能对构件组织性能的影响。

3.1 低转速等离子体旋转电极法制备钛合金粉末

采用等离子体旋转电极法制备金属粉末时,当电极棒转速低于 25 000 r/min 时,为低转速制粉。此时电极棒直径为 70 mm,长度为 305 mm。由于此时电极棒体积较大,出粉量多,该方法适用于大规模工业化产品生产。本节重点研究制粉技术参数对粉末粒度、球形度、成分、流动性、松装密度及微观组织的影响。

3.1.1 钛合金粉末粒度分布

采用振动筛分法对所制得的粉末在高纯氩气保护下进行粒度分级。图 3-1 至图 3-5 分别为 18 000 r/min、23 500 r/min、22 000 r/min 和 23 500 r/min 等工艺条件下制得的 TA1、TC4 和 TC11 粉末经过不同目数筛网过筛后粒度分布情况。由图可见旋转电极法制备的粉末粒径在 200 μm 以下,粉末粒度分布较窄。

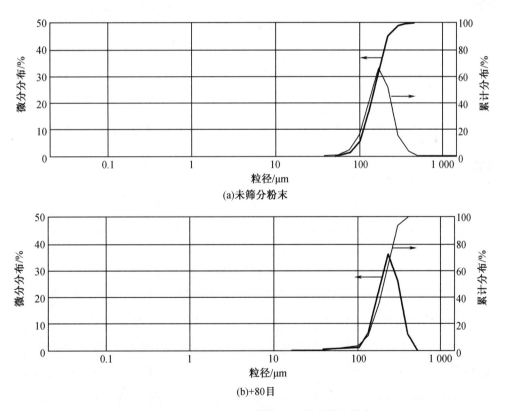

(a)未筛分粉末

(b)+80目

图 3-1 18 000 r/min 制得 TA1 粉末粒度分布

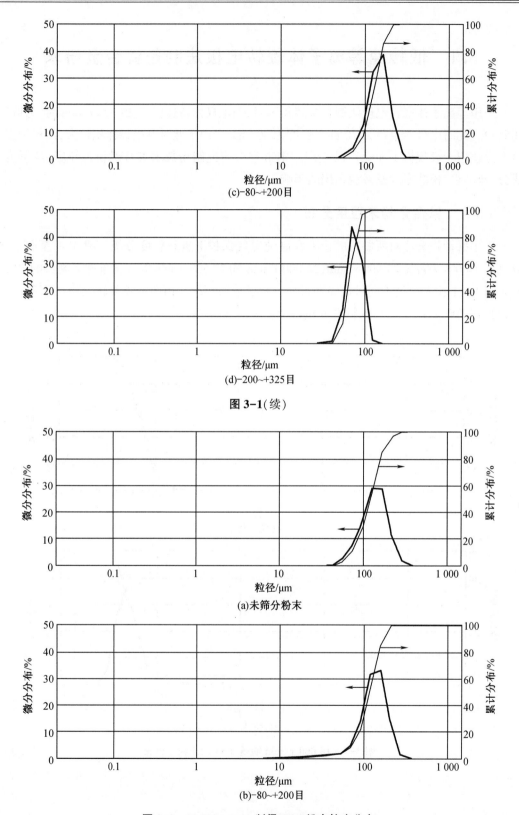

(c)-80~+200目

(d)-200~+325目

图 3-1（续）

(a)未筛分粉末

(b)-80~+200目

图 3-2　23 500 r/min 制得 TA1 粉末粒度分布

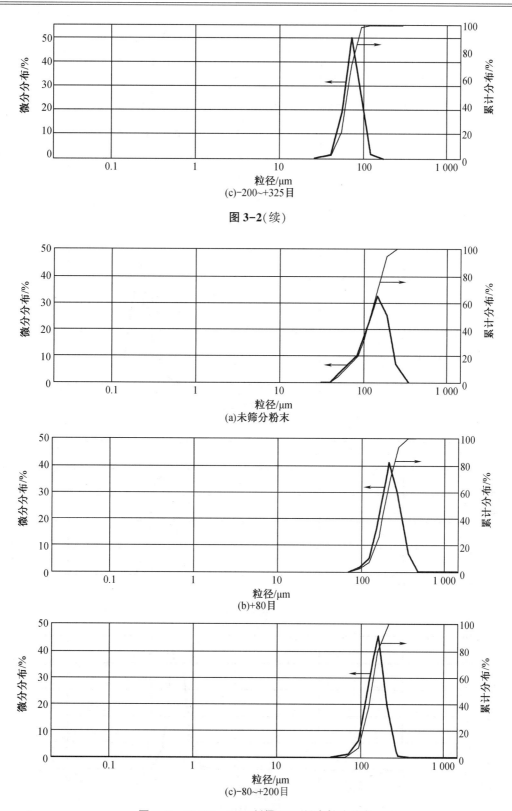

(c)-200~+325目

图 3-2(续)

(a)未筛分粉末

(b)+80目

(c)-80~+200目

图 3-3　18 000 r/min 制得 TC4 粉末粒度分布

<

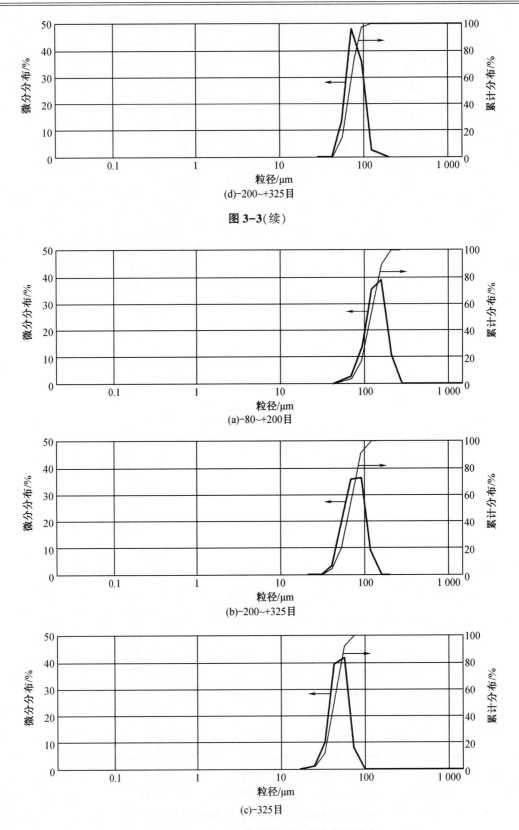

(d)−200~+325目

图 3−3(续)

(a)−80~+200目

(b)−200~+325目

(c)−325目

图 3−4　22 000 r/min 制得 TC4 粉末粒度分布

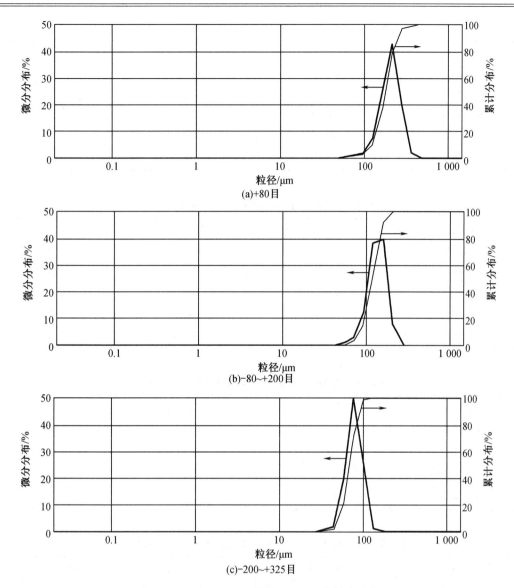

图 3-5　18 000 r/min 制得 TC11 粉末粒度分布

表 3-1 和表 3-2 分别列出了一根 TA1 电极棒料,在不同转速技术条件下制得的粉末,经过不同目数筛网过筛后所得粉末的平均粒径情况。由表 3-1 中数据可以看出,在 18 000 r/min 技术条件下采用旋转电极雾化法制得的粉末,平均粒径均在 200 μm 以下,其中平均粒径约 194.33 μm 的大颗粒含量较多,占比 25.44%;同时特细粉末量也非常少,仅仅占 1.14%,细粉相对较少,这也是旋转电极技术制备粉末的共有特征;139 μm 以下的粉末占大部分,为 70.18%。

当转速提高到 23 500 r/min 时,如表 3-2 所示,粉末平均粒径降低到约 120 μm,80 目筛网过筛已经没有 190 μm 的大颗粒存在;73.19% 的颗粒平均粒径约 125 μm;同时平均粒径在 66 μm 以下细粉的制得率提高到 16.8%。对于 TC4 和 TC11 粉末也存在上述相同的规律,详见表 3-3 至表 3-5。

表 3-1 18 000 r/min 制得 TA1 粉末粒度及出粉量

筛网目数	平均粒径 $D_{50}/\mu m$	出粉量/g	占比量/%
未筛分粉末	149.22	172.7	4.34
+80 目	194.33	1 010.9	25.44
−80~+200 目	130.86	2558	64.39
−200~+325 目	68.75	230	5.79
−325 目	—	46	1.16

表 3-2 23 500 r/min 制得 TA1 粉末粒度及出粉量

筛网目数	平均粒径 $D_{50}/\mu m$	出粉量/g	占比量/%
未筛分粉末	120.47	133.7	3.50
+80 目	—	248.3	6.50
−80~+200 目	125.12	2 795.9	73.19
−200~+325 目	66.92	526.1	13.77
−325 目	—	115.9	3.04

表 3-3 18 000 r/min 制得 TC4 粉末粒度及出粉量

筛网目数	平均粒径 $D_{50}/\mu m$	出粉量/g	占比量/%
未筛分粉末	142.75	335.5	9.36
+80 目	200.32	510.0	14.22
−80~+200 目	139.7	2 513.9	70.13
−200~+325 目	69.68	225.1	6.29

表 3-4 22 000 r/min 制得 TC4 粉末粒度及出粉量

筛网目数	平均粒径 $D_{50}/\mu m$	出粉量/g	占比量/%
+80 目	—	158.2	3.78
−80~+200 目	127.24	3 389.1	81.01
−200~+325 目	71.4	541.3	12.94
−325 目	42.58	95	2.27

表 3-5 18 000 r/min 制得 TC11 粉末粒度及出粉量

筛网目数	平均粒径 $D_{50}/\mu m$	出粉量/g	占比量/%
+80 目	184.21	1 324.8	24.56
−80~+200 目	125.54	3 632.2	67.35
−200~+325 目	66.2	329	6.10
−325 目	—	107.2	1.99

3.1.2　转速对钛合金粉末粒度分布的影响

钛合金棒料经过等离子旋转电极设备制粉后,制得的粉末要经过具有惰性气体保护功能的筛网进行过筛,去掉一些旋转初期的粗大颗粒。然后经过粒度分析仪进行粒径分析。图 3-6 是转速对钛合金粉末粒度分布的影响。由图可见,旋转电极雾化法制备的粉末粒度分布很均匀,没有过大或者过小的颗粒。均匀的粒度分布利于打印成形中铺粉均匀。

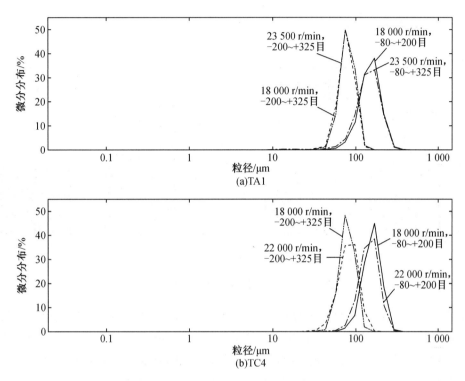

图 3-6　转速对钛合金粉末粒度分布的影响

从 PREP 技术参数对 FGH95 高温合金粉末特性的影响研究中发现,粉末的尺寸及粒度分布主要由棒料的转速决定,相对而言,等离子电流、等离子枪与棒料端面的距离等其他技术参数的影响较小。

因此本书主要考虑电极棒料转速对粉末粒度的影响。不同电极转速下制得的 TA1 和 TC4 合金粉末的平均粒径 D_{50} 见图 3-7。由图可见,随着转速提高,粉末粒径下降,但是当转速超过 22 000 r/min 后,转速对粒径的影响不是很大。本书采用等离子体旋转电极法制得的钛合金粉末的粒径为 42~139 μm,可以满足 3D 打印成形技术中对金属粉末粒度的使用要求。

在旋转电极制粉过程中,局部熔融的金属液在高速旋转的主轴带动下形成很大的离心力,从而在棒料边缘被甩出并解体。熔融金属液与雾化室内氩气摩擦,在切应力作用下进一步破碎,形成细小的熔滴。此时,在棒料边缘部位由于离心力形成的熔滴的初始温度大致相同,随后由于表面张力的作用,在飞行过程中具有形成球体的趋势,因而制备的金属粉末均以球形为主。小尺寸熔滴的表面张力作用更大,形成的金属粉末球形度更高,由等离子体旋转电极技术制备的金属粉末颗粒直径可用下式计算：

$$d = \frac{0.4}{n}(\gamma/R\rho)^{\frac{1}{2}} \tag{3-1}$$

式中 d——粉末颗粒直径，μm；

$\qquad n$——电极转速，r/min；

$\qquad \gamma$——合金表面张力，N/m；

$\qquad \rho$——合金密度，g/m^3；

$\qquad R$——电极棒半径，mm。

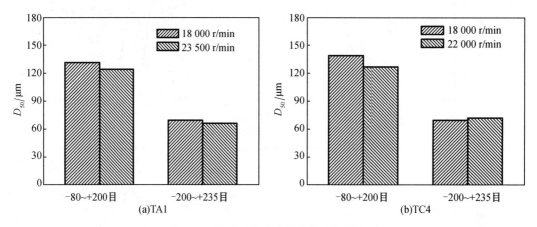

图 3-7 转速对钛合金粉末粒度的影响

由式（3-1）可知，当棒材的成分确定，且其密度和表面张力一定时，提高电极棒材直径和提高电极转速，均可以降低所制备的粉末粒度。由表 3-6 可知，理论平均粒径与实际检测的平均粒径结果之间存在一定的偏差，造成偏差的原因主要是粉末颗粒尺寸大小受棒料振动以及其他因素等影响，在理论值附近波动。随着转速的加快，粉末中小粒径粉末比例增加，粒度分布曲线向小粒径方向移动。

表 3-6 TA1 粉末粒度计算

合金牌号	电极棒直径/mm	电极转速/（r/min）	理论 $D_{50}/\mu m$	实际 $D_{50}/\mu m$
TA1	70	18 000	110.51	130.86
		23 500	84.64	125.12

3.1.3 合金种类对钛合金粉末粒度分布的影响

当电极棒合金种类发生变化时，在相同制粉技术条件下（电极棒转速为 18 000 r/min）制得粉末的粒度分布及平均粒径会有所区别，如图 3-8 所示。TA1 为工业纯钛，当在其中加入其他合金元素后形成 TC4 或者 TC11 合金，金属的熔点、流动性及表面张力等性能均发生了改变。因此，采用相同制备技术时，制得的粉末粒度会发生变化。由于 TC11 合金中含有 Si 元素,可提高合金的流动性,因此在相同工艺条件下 TC11 合金粉末的粒度更小。

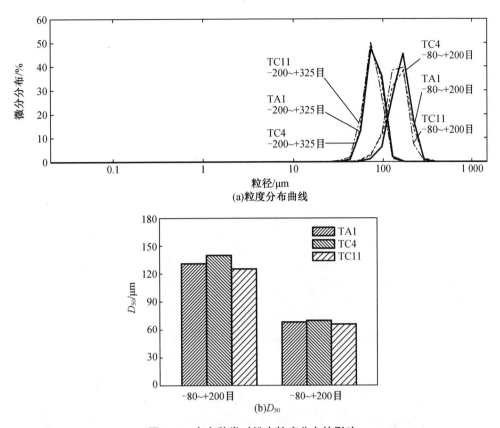

(a)粒度分布曲线

(b)D_{50}

图 3-8　合金种类对粉末粒度分布的影响

3.1.4　其他参数对粉末粒度的影响

由于每次等离子体雾化制粉过程严格控制充入雾化室的氩气体量,故在整个制粉过程中等离子弧电压的变化不大,等离子弧电流的变化基本上反映了等离子枪输出功率的变化。研究发现,粉末平均粒径随等离子弧电流的增大而有明显细化的趋势。但是,提高电流会带来诸多弊端,其一是粉末粒度的分布范围随电流的增大而变宽的趋势十分明显。电流大小反映等离子枪的能量。增大电流的另一弊端在于,能量越大意味着等离子弧温度越高,越容易造成低熔点元素的烧蚀。

试验表明,对于转移弧模式工作的等离子枪而言,等离子束的有效热功率与棒料端部的距离有关。试验发现,在电流和电压保持一定的情况下,等离子枪与棒料端部的距离除了影响棒料的熔化速度外,还影响端部熔池形状。粉末粒度的分布与两者都相关:等离子枪与电极棒端部间距越小(10 mm),获得的等离子束有效热功率越大,熔化越充分,粉末粒度细化趋势越明显。当等离子枪与棒料端部距离由 10 mm 变为 30 mm 时,粉末粒度的分布范围有增宽的趋势。减小等离子枪与电极棒端部间距可以有效提高细粉收率,但同时也会加剧等离子枪喷嘴和钨电极的损耗,喷嘴及钨电极部分材料熔化,进而随着等离子流进入粉末中,影响粉末质量。

3.1.5　钛合金粉末组织形貌

采用扫描电子显微镜(scanning electron microscope, SEM)对合金粉末进行形貌分析。图 3-9 至图 3-11 分别为 TA1、TC4 和 TC11 合金粉末经过不同筛网过筛后的形貌。由图可见,粉末呈球形,表面光滑,基本无卫星球存在,表明具有较好的流动性。同时,由图可以看出有少量椭圆形颗粒,但多数粉末为规则的球形,球形粉末含量约为 95%。这是由等离子体旋转电极法液膜破碎及形成球形粉末的机理所决定的,旋转的阳极合金棒熔化后在料棒边缘形成一圈液膜区,该区内的合金液在离心力作用下随机飞溅出去,一种形成细小的个体液滴,飞行过程中由于表面张力的作用逐渐球化后凝固;另一种则被甩成片状液滴,最终形成图 3-10(b)和 3-11(b)所示的梨形颗粒。

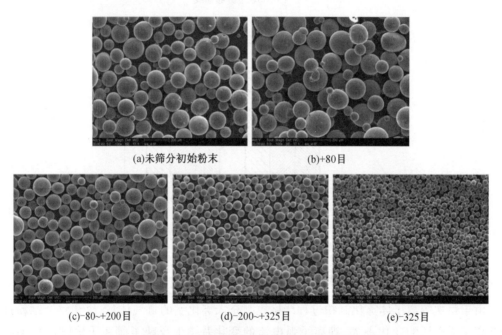

(a)未筛分初始粉末　　　　　　　　(b)+80目

(c)-80~+200目　　　　(d)-200~+325目　　　　(e)-325目

图 3-9　不同筛网过筛后 TA1 粉末形貌

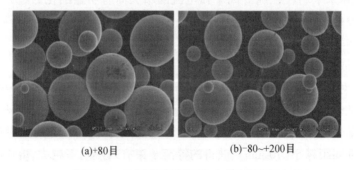

(a)+80目　　　　　　　　(b)-80~+200目

图 3-10　不同筛网过筛后 TC4 粉末形貌

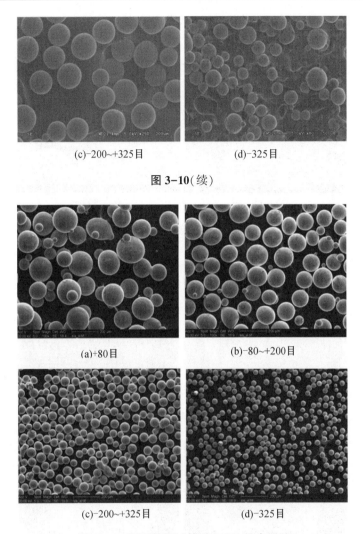

(c)-200~+325目   (d)-325目

图 3-10(续)

(a)+80目   (b)-80~+200目

(c)-200~+325目   (d)-325目

图 3-11 不同筛网过筛后 TC11 粉末形貌

图 3-12 为等离子体旋转电极法制备的不同粒径 TA1 合金粉末的 SEM 表面形貌。由图可见用该法制得的粉末颗粒有两种表观形态:一种为类似龟裂的表面[图 3-12(a)],这是在急速冷却过程中不同区域所形成的一次枝晶和二次枝晶,枝晶之间相互堆叠所形成的现象;另一种为相对平滑的表面,但有类似刮划的凸起纹[图 3-12(b)]。造成这种现象的原因是,粒径较大粉末的表面表现为发达的呈近似等轴花瓣状的胞状树枝晶组织,这也是 β 型钛合金所具有的典型体心立方结构(BCC)的结晶形貌,且枝晶组织粗大。粉末颗粒表面的组织越细化,组织尺寸减小越明显,颗粒表面越光滑。

由于 TC4 和 TC11 合金中含有一定量的 Al(6%以下)和不同量的 β 稳定元素及中性元素,因此其组织中通常含有不同比例的 α 相和 β 相,是典型的 α+β 两相钛合金。制粉过程中,对于 TC4 及 TC11 合金粉末而言,β 相在快速冷却时发生的转变及转变产物随着 β 稳定元素含量的变化有所不同。由于两种合金中的 β 稳定元素都是 Al,因此转变产物为 α′。在大颗粒表面,观察到典型的 α′+β 型组织,如图 3-13(a)和图 3-14(a)所示。并且,随着合金元素种类的增加,上述现象越发明显。但是对于粒径小于 50 μm 的颗粒其表面形貌与

TA1 合金粉末相似,为相对平滑的表面,但有类似刮划的凸起纹。

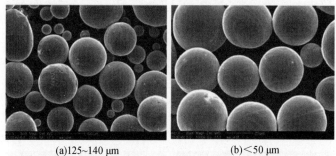

(a)125~140 μm   (b)<50 μm

图 3-12   不同粒径 TA1 合金粉末的 SEM 表面形貌

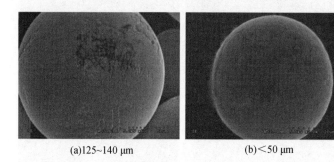

(a)125~140 μm   (b)<50 μm

图 3-13   不同粒径 TC4 合金粉末的 SEM 表面形貌

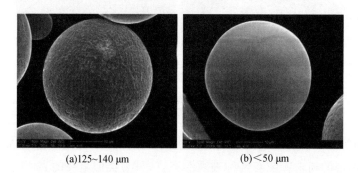

(a)125~140 μm   (b)<50 μm

图 3-14   不同粒径 TC11 合金粉末的 SEM 表面形貌

3.1.6   转速对钛合金粉末形貌的影响

转速是制备球形钛合金粉末的重要技术参数。图 3-15 是采用不同转速制备出的 TC4 合金粉末的形貌情况。由图可见,随着转速提高,粉末颗粒大小更加均匀,单颗粉末的球形度也更加高。

对比图 3-15(a)和图 3-15(c)可以发现,随着转速提高,粉末中椭圆形的颗粒数量大幅度减小,球形颗粒占比率增加。进一步对不同转速下制备出的粉末进行球形度分析,结果如图 3-16 和图 3-17 所示。由图可见,随着转速的提高,粉末的球形度也在提高。这是因为随着转速的提高,液态金属所受到的离心力越大,越容易在飞行冷却过程中形成球形。

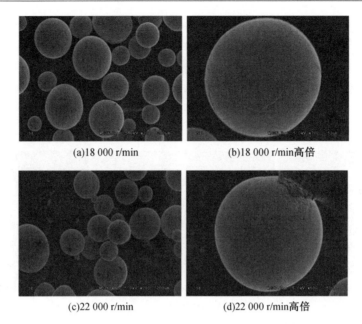

(a)18 000 r/min　　　　　　　　(b)18 000 r/min高倍

(c)22 000 r/min　　　　　　　　(d)22 000 r/min高倍

图 3-15　转速对经-80~+200 目过筛 TC4 合金粉末形貌的影响

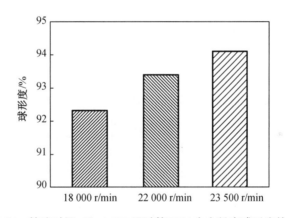

图 3-16　转速对经-80~+200 目过筛 TC4 合金粉末球形度的影响

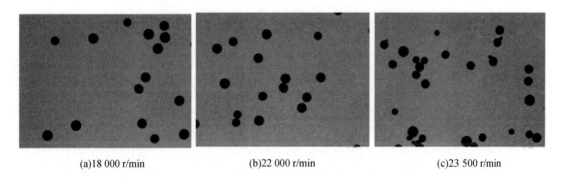

(a)18 000 r/min　　　　　　(b)22 000 r/min　　　　　　(c)23 500 r/min

图 3-17　转速对经-80~+200 目过筛 TC4 合金粉末光学投影形貌影响

3.1.7　合金种类对钛合金粉末形貌的影响

图 3-18 为电极棒转速为 18 000 r/min 条件下,制得的粉末经-80~+200 目过筛后粉末

颗粒的形貌。由图可见,合金中合金元素对粉末形貌的影响不是很大。对于 TA1 和 TC4,由于不含硅则小颗粒粉末所占比例更大;但当合金中引入 Si 和 Mo 等形成 TC11 合金时,由于因为合金中形成的硅化物会增加液态金属表面张力,金属液膜在被甩出合金棒料时需要更大的离心力,因此粉末中大颗粒较多,同时粉末的球形度有所降低,结果如图 3-19 和图 3-20 所示。

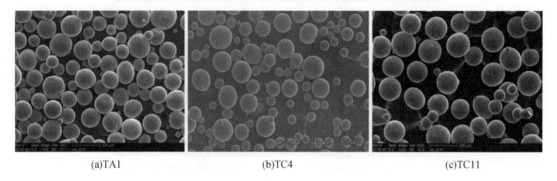

(a)TA1   (b)TC4   (c)TC11

图 3-18 合金种类对-80~+200 目过筛钛合金粉末形貌的影响

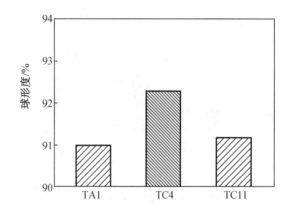

图 3-19 合金种类对-80~+200 目过筛钛合金粉末球形度的影响

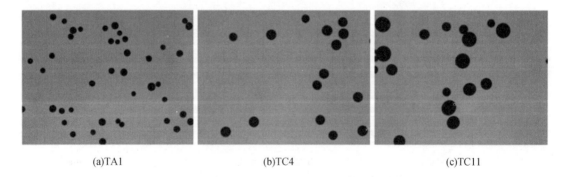

(a)TA1   (b)TC4   (c)TC11

图 3-20 合金种类对经-80~+200 目过筛粉末光学投影形貌影响

钛合金粉末截面组织如图 3-21 所示。由图隐约可见颗粒是由排列整齐、细密、交错的针状马氏体组成的,同时可以看出,PREP 制备的粉末均为实心粉末。对于 TA1 粉末,是凝固后的高温 β 相快速冷却,发生 β-α 转变,产生大量的针状 α 马氏体。而对于 TC4 和 TC11

合金,主要由排列较为细密、交错的针状马氏体 α′相组成。一个颗粒内部存在 2~3 个不同位向的针状马氏体组列,其原因是凝固后的粉末中高温 β 相快速向针状马氏体相发生转变。粉末颗粒的内部组织既反映了合金的凝固状态,也体现了凝固过程中合金的结晶和长大状况。粉末截面组织与表面冷凝组织大致相同,大尺寸颗粒内部主要还是粗大的树枝晶。对比几张 SEM 图片可以发现,TC11 粉末的球形度比另外两种合金粉末要差,这与图 3-20 所反映出的规律一致。

|(a)TA1|(b)TC4|(c)TC11|

图 3-21　粉末截面组织

3.1.8　不同粒径粉末的相组成及球形度

图 3-22 为 PREP 制得的几种钛合金粉末的 X 射线衍射(X-ray diffraction,XRD)曲线。由图可见,三种合金粉末中的相结构主要以 HCP-Ti 相为主。与 PDF 标准卡片比较发现,相对于 TA1 主峰位置、TC4 和 TC11 合金的主峰向高位角发生了偏移,衍射峰宽化,说明合金元素固溶到钛 HCP 晶胞中,使得点阵发生畸变,如图 3-22(d)所示。

同时,颗粒粒径的大小对 XRD 曲线形状影响不大。合金粉末在制备过程中熔融合金液经破碎、球化并最终凝固得到球形颗粒的时间非常短,粉末为非稳定态,故其相结构主要为 HCP-α′相。对比图 3-22(a)、图 3-22(b)发现 TC4 合金在 80°~90°衍射角范围内的衍射峰消失,也进一步证明点阵发生了畸变。

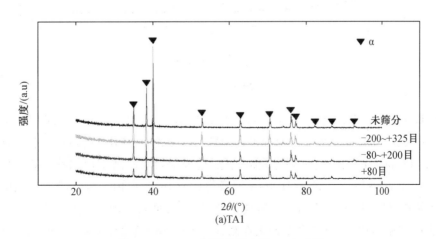

图 3-22　PREP 制得的粉末的 XRD 曲线

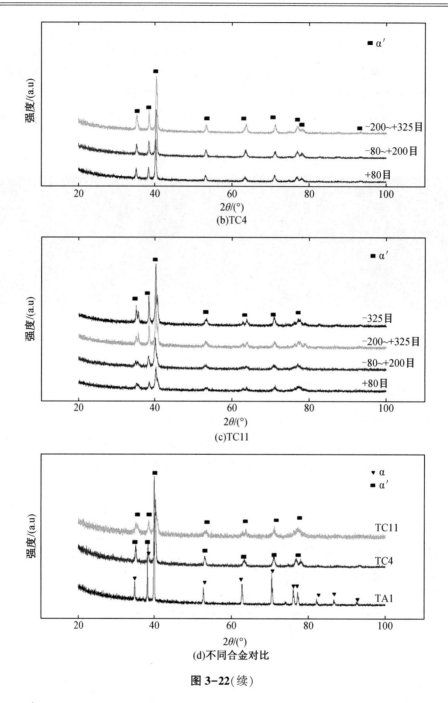

图 3-22（续）

对于 TC4 合金粉末，主峰发生偏移表明粉末中 Al 和 V 元素固溶于 HCP-Ti 相中，使其晶格发生了畸变。而 Al 及 V 元素原子半径分别为 0.143 nm 和 0.135 nm，皆小于 Ti 元素原子半径（0.145 nm），故其畸变表现为晶格收缩，造成衍射峰向高位角偏移。就 Ti-6Al-4V 合金来说，HCP-Ti 相最大可能为 HCP-α′马氏体相或 HCP-α 相。而 HCP-α′与 HCP-α 两相间仅存在 C-轴方向长度上 0.1% 的微小差异，很难通过 XRD 衍射分析加以区分。但 HCP-α 为稳定相，而图中 TC4 合金粉末在制备过程中熔融合金液经破碎、球化并最终凝固得到球形颗粒的时间非常短，粉末为非稳定态，故其相结构主要为 α′相。TC11 合金中也存在相似情况。

图 3-23 是不同合金在不同粒径分布下的球形度情况。由图可见,随着粉末粒径的变小,粉末的球形度逐渐增加;当粉末经±325 目过筛后,即粒径达到 75 μm 以下时,粉末的球形度可以达到98%以上。

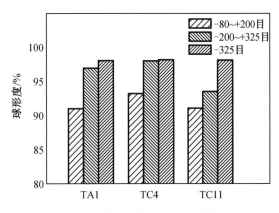

图 3-23　粒径对粉末球形度的影响

3.1.9　钛合金粉末元素分析

钛合金粉末的含氧量见表 3-7 至表 3-9(表中 S_d 为标准差)。由表可见,PREP 制备的钛合金粉末的氧含量约为 1 000 ppm,可以满足 3D 打印成形的要求,并且粉末的氧含量随着粉末粒径变小而升高,但是氮含量受粉末尺寸影响不大。对比原料 TC4 棒料的氧含量(1 200 ppm),TC4 粉末的氧含量为 910 ppm,增氧量为-290 ppm。

表 3-7　TA1 粉末氧、氮含量

筛网目数	氧含量/ppm				氮含量/ppm			
	18 000 r/min	S_d/%	23 500 r/min	S_d/%	18 000 r/min	S_d/%	23 500 r/min	S_d/%
+80 目	798	0.04	1 060	0.001	52.2	0	95.4	0.000 6
-80～+200 目	854	0.09	1 080	0.003	54.1	0	94.3	0.000 4
-200～+325 目	939	0.02	964	0.003	53.4	0.002	59.8	0.001
-325 目	943	0.000 4	1 240	0.03	52.9	0.002	65.6	0.005

表 3-8　TC4 粉末氧、氮含量

筛网目数	氧含量/ppm				氮含量/ppm			
	18 000 r/min	S_d/%	22 000 r/min	S_d/%	18 000 r/min	S_d/%	22 000 r/min	S_d/%
+80 目	756	0.02	875	0.009	32.9	0.01	34.2	0.008

表 3-8(续)

筛网目数	氧含量/ppm				氮含量/ppm			
	18 000 r/min	$S_d/\%$	22 000 r/min	$S_d/\%$	18 000 r/min	$S_d/\%$	22 000 r/min	$S_d/\%$
−80~+200 目	914	0	894	0.002	37.4	0	38.4	0.000 6
−200~+325 目	942	0.005	903	0.003	35.2	0.001	34.2	0.000 8
−325 目	944	0.002	845	0.004	35.9	0.000 5	24.5	0.003

表 3-9　18 000 r/min 制得的 TC11 粉末氧、氮含量

筛网目数	氧含量/ppm	$S_d/\%$	氮含量/ppm	$S_d/\%$
+80 目	1 080	0.002	94.3	0.000 3
−80~+200 目	1 080	0.005	88.5	0.000 9
−200~+325 目	1 130	0.01	80.2	0.000 2
−325 目	1 160	0.008	96.2	0.000 4

一方面,钛是一种活泼的金属,极易与氧发生化学反应,引起合金的氧化。粉末越细,其比表面积越大,对氧元素的吸附能力越强,因此导致氧含量受粉末尺寸变化影响更为明显。另一方面,钛与氮元素在一般情况下不容易发生化学反应,因此氮含量受金属粉末粒径变化的影响不是很明显。

由于用等离子体旋转电极法制备的粉末颗粒表面活泼,在实验过程中暴露于空气中迅速吸附了氧气等有害杂质,粉末越细,其比表面积越大,吸附的氧气越多,导致氧元素质量分数增大幅度越大;而氮气在室温下对钛合金并不敏感,其质量分数没有明显的变化。所以粉体的转运、封装尽量在高纯氩气保护下进行。采用光学透射显微镜法对颗粒形态和规格进行分析,随机抽取粉末样品 500 g,使用 Olympus CX31 设备(明场模式)Infinity1-5 快速成像系统对影像进行捕捉,用 Imagescope M 对影像进行处理。结果如图 3-24 和图 3-25 所示。

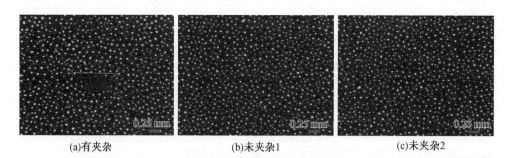

(a)有夹杂　　　(b)未夹杂1　　　(c)未夹杂2

图 3-24　TA1 粉末中夹杂情况

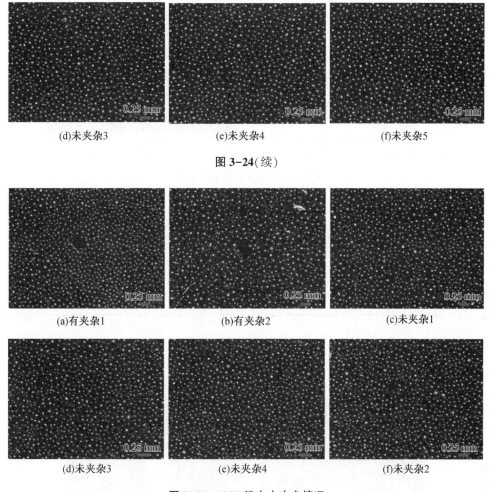

(d)未夹杂3　　　　　　(e)未夹杂4　　　　　　(f)未夹杂5

图 3-24(续)

(a)有夹杂1　　　　　　(b)有夹杂2　　　　　　(c)未夹杂1

(d)未夹杂3　　　　　　(e)未夹杂4　　　　　　(f)未夹杂2

图 3-25　TC4 粉末中夹杂情况

　　光学体式显微镜对钛粉分析的结果表明:所有被研究的钛粉样本的规格都是非均质分散的组成,且含有不同形态的颗粒形状和非金属杂质(透光)。500 g 的 TA1 粉末中仅仅发现一个尺寸约 1 mm 的大颗粒夹杂,而相对于 TA1 粉末,TC4 粉末中夹杂颗粒的尺寸更小仅约为 0.2 mm。粉末中含有夹杂颗粒,不排除是在制粉、分装过程中由于分装容器污染而引入的。因此,在棒料机械加工过程中要严格控制表面清洁度,在粉末制备及后续包装过程中应该严格控制污染物及杂质颗粒存在的情况,建议在真空环境或者高纯氩气环境下进行操作。图 3-26 是 TC4 粉末能谱分析。由图可见,粉末中主要含有 Ti、Al 和 V 三种元素,元素含量见表 3-10。

　　对不同粒径的 TC4 粉末,采用化学滴定法对上述三种合金元素含量进行化学分析,分析过程如图 3-27 所示,分析结果见表 3-11。由表中数据可见,粉末粒径越小,粉末中 Al 含量越多。但是粒度对 V 含量的影响不大。对比化学滴定法与能谱分析法的测试结果以及国标中 TC4 合金成分规定,发现旋转电极法制备钛合金粉末,在合金棒材熔化、再凝固的过程中,合金元素含量没有损失,最终得到的粉末能够保持规定的含量要求。

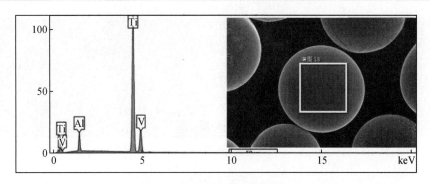

图 3-26 TC4 粉末能谱分析

表 3-10 TC4 粉末中合金元素含量能谱分析结果

元素	质量分数/%	原子百分数/%
Ti	89.81	85.87
Al	6.22	10.56
V	3.97	3.57

(a)试剂 　　　　　　(b)加热过程 　　　　　(c)滴定过程

图 3-27 TC4 粉末合金元素成分化学分析

表 3-11 TC4 粉末中合金元素含量化学分析结果

筛网目数	$w(Al)/\%$	$w(V)/\%$
-80~+200 目	6.18	3.9
-20~+325 目	6.51	3.95
-325 目	6.61	3.98

3.1.10 PREP 出粉量及粉末物理性能分析

表 3-12 分析了采用 PREP 制备钛合金粉末时,原料利用率的情况。由表中数据可见,原始合金棒料的利用率在 82% 以上。通过合理控制技术参数及棒料表面光洁度和同轴度,合金棒料的利用率可以达到 93% 以上。表 3-13 列举了不同粒径粉末的振实密度、松装密

度和流动性等指标。松装密度是指粉末在规定条件下充满标准容器后的堆积密度。由表可见,粉末粒径越小,振实密度和松装密度越高,但是粉末变细,流动性会变差。金属粉末的流动性是影响粉末床打印金属部件质量的重要因素。目前对 3D 打印用粉末流动性的研究较少。粉末的性能,如球形度、流动性的好坏直接影响粉床打印中最终打印件的质量。因此,打印前对粉末的性能进行评价非常重要。为了保证 3D 打印成形过程中粉末铺粉及送粉过程中的均匀性,在选取所用的合金粉末时既要考虑粉末的粒径分布、氧含量等参数,也要综合考虑粉末的振实密度、松装密度和流动性等其他物理参数指标。

表 3-12　PREP 出粉量分析

合金粉末牌号	转速/(r/min)	棒料质量/g	制粉量/g	出粉率/%
TA1	18 000	4 614	4 094	88.73
	23 500	4 614	3 864	83.74
TC4	18 000	4 610	3 780	82.00
	22 000	4 610	4 300	93.28
TC11	18 000	9 230	8 285	89.76

表 3-13　钛合金粉末物理特性

筛网目数	粉末牌号	振实密度/(g/cm^3)	松装密度/(g/cm^3)	流动性/(s/50 g)	球形度/%
+80 目	TA1	2.71	2.47	37.2	—
	TC4	2.7	2.58	32.9	—
	TC11	2.85	2.48	37.9	—
−80~+200 目	TA1	2.89	—	—	93.6
	TC4	2.80	2.66	26.5	93.3
	TC11	2.82	2.69	28.1	91.2
−200~+325 目	TA1	3.03	—	24.0	97.0
	TC4	2.71	2.66	24.2	98.1
	TC11	2.97	2.67	25.3	93.7
−325 目	TA1	—	2.67	—	98.1
	TC4	2.94	2.75	23.4	98.2

3.2　高转速等离子体旋转电极法制备钛合金粉末

等离子体旋转电极法制备金属粉末时,电极棒转速高于 30 000 r/min 为高转速制粉法。当采用高转速 PREP 制备金属粉末时,由于电极棒转速高,离心力大,设备极易发生共振现象。

因此为安全考虑,采用的原料合金棒的直径为 30 mm,长度为 150 mm,向雾化室内通入体积分数为 99.99% 的高纯氩气,压力为 0.02 MPa。在 32 000~50 000 r/min 调节电极棒转速,得到合金粉末。制得的合金粉末在真空下,采用震动筛分机进行分级筛分,筛网目数分别为 150 目、200 目和 325 目。

3.2.1 PREP 对粉末粒度分布及收率的影响

图 3-28 所示为电极棒转速对制得的未筛分(全粉)TC4 钛合金粉末粒度分布及粒径大小的影响。由图可见,PREP 制备的钛合金粉末粒度分布均匀,无过大或过小颗粒,粉末粒径与电极转速成反比。在制粉过程中,电极棒料前端局部熔融的金属液在高速旋转的主轴带动下,受巨大的离心力作用,从棒料边缘被甩出并解体,形成大小不等的金属液滴,后经急速冷却形成粉末。电极转速越高,相对质量小的液滴受到的离心力越大,越容易被甩出破碎,凝固形成小粒径粉末,使得细粉(-200~325 目)的收率提高,粗粉(+150 目)的收率下降,如图 3-29 所示。

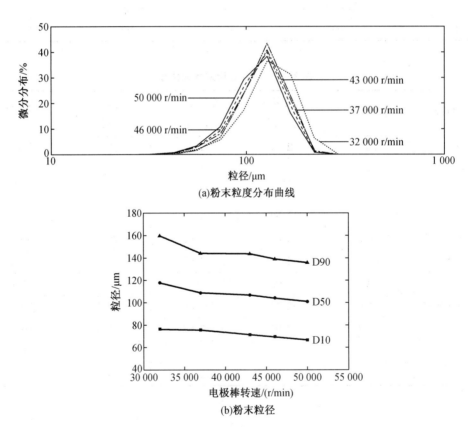

(a)粉末粒度分布曲线

(b)粉末粒径

图 3-28 电极棒转速对制得的未筛分(全粉)TC4 钛合金粉末粒度分布及粒径大小的影响

3.2.2 PREP 对粉末组织形貌的影响

图 3-30 为不同电极棒转速制备的 TC4 全粉形貌。由图可见,粉末呈球形,转速越高球形颗粒大小越均匀。经过筛分后粉末形貌如图 3-31 所示。观察发现,TC4 合金粉末具有

龟裂表面[图3-30(a)(b)和(c)]及有类似刮划的光滑表面[图3-30(d)]两种形貌;并且粉末粒径越小,光滑表面粉末数量越多。

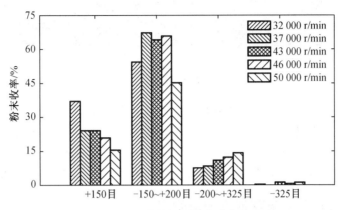

图 3-29 电极棒转速对粉末收率的影响

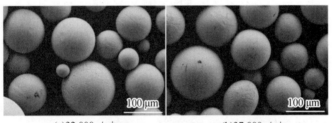

(a)32 000 r/min   (b)37 000 r/min

(c)43 000 r/min   (d)46 000 r/min   (e)50 000 r/min

图 3-30 电极棒转速对全粉末形貌的影响

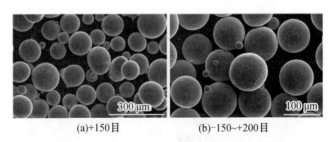

(a)+150目   (b)-150~+200目

图 3-31 50 000 r/min 不同筛分等级粉末形貌

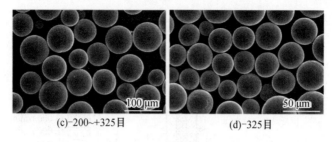

(c)-200~+325目   (d)-325目

图 3-31(续)

造成上述现象的原因,主要是冷却速率的差异及表面张力的作用。大粒径颗粒表面主要为龟裂表面,这是急速冷却时 β 型钛合金的典型 BCC 结构的结晶形貌。而对于小粒径颗粒,由于制备过程中小尺寸液滴的表面张力作用更大,同时粉末粒径越小,冷却速率越高,对结晶过程的抑制越明显,最终使小粒径粉末表面形成无结晶组织的光滑表面。

3.2.3 PREP 对粉末球形度的影响

电极棒转速对筛分后 TC4 粉末球形度的影响及 32 000 r/min TC4 粉末球形度分析光学投影如图 3-32 和图 3-33 所示。由图可见,粉末球形度与电极转速成正比;同时相同转速下粒径越小,球形度越高。电极转速是制备球形钛合金粉末的重要技术参数。随着转速的提高,液态金属所受到的离心力越大,越容易在飞行冷却过程中形成球形。由图 3-31 可知,粉末粒径越小表面越光滑,因而其球形度越高。采用 50 000 r/min 转速制得的-200~+325 目 TC4 粉末球形度可达 96.8%;-325 目 TC4 粉末球形度可达 97.4%以上。粉末球形度越高,流动性越好,越有利于提高 3D 打印构件的性能。

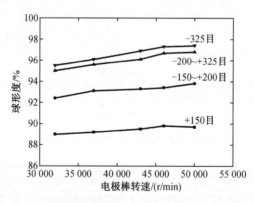

图 3-32   电极棒转速对筛分后 TC4 粉末球形度的影响

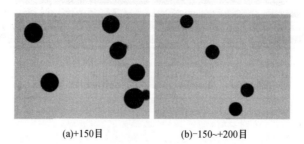

(a)+150目   (b)-150~+200目

图 3-33   32 000 r/min TC4 粉末球形度分析光学投影

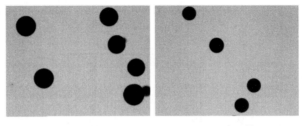

(a)+150目　　　　　　　　(b)−150~+200目

图 3-33(续)

3.2.4　PREP 对粉末合金元素含量的影响

采用化学滴定法对 50 000 r/min 制得的粉末进行 Al 和 V 元素含量测定,结果见表 3-14。由表可见,粉末粒径越小,Al 含量越多;但是粒径对 V 含量的影响不大。Al 的熔点及密度均低于 Ti,使其在熔化离心过程中,更容易挥发并在细粉中富集。对比合金牌号成分要求,说明 PREP 制备钛合金粉末时,在合金棒材熔化、凝固再结晶的过程中,合金元素没有明显损失。最终得到的粉末能够保持规定的合金成分要求。

表 3-14　钛合金粉末主要化学成分

筛分等级	$w(\text{Ti})/\%$	$w(\text{Al})/\%$	$w(\text{V})/\%$
+150 目	89.81	6.22	3.97
−150~+200 目	89.92	6.18	3.90
−200~+325 目	89.47	6.58	3.95
−325 目	89.41	6.61	3.98

图 3-34 对比了不同转速下制备的全粉的氧氮含量。由图可见,一方面,电极棒转速越高,粉末越细,其比表面积越大,对氧元素的吸附能力越强,导致氧含量升高。另一方面,钛与氮元素在一般情况下不易发生化学反应,因此制备技术对粉末氮含量的影响不显著。

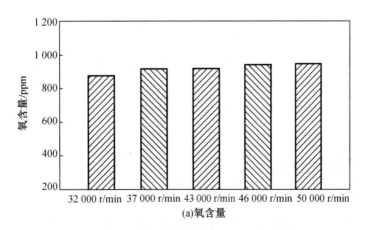

(a)氧含量

图 3-34　电极棒转速对粉末氧氮含量的影响

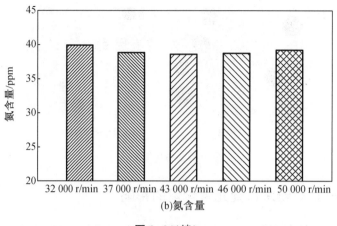

(b)氮含量

图 3-34（续）

3.3　热等离子体球化法制备钛合金粉末

由于 PREP 只能制备全粉平均粒径 100 μm 以上的钛合金粉末,而对粒径为 50 μm 以下的细粉收率极低。因此,本书继续采用热等离子体技术制备粒径为 50 μm 以下的 TA1 细粉。这种经过等离子体球化后的粉末在表面光洁度、流动性、松装密度及振实密度等方面均有显著提高。同时为了验证热等离子体对粉末杂质去除的功效,所有操作均在大气环境下进行。

热等离子体技术是近年来发展起来的一门新技术,由于它具有无电极污染、弧区大、温度相对均匀、能提供纯净热源、工质不受限制、工艺过程简单等特点,在高熔点粉末球化方面展现出独特的优势。等离子体是气体物质存在的一种状态,它具有温度高、等离子体炬体积大、能量密度高、传热和冷却速度快等特点。它既可以作为高温热源对原料进行熔化,并将其球化,也可以同时参与化学反应,用于合成各种超细化合物粉末。因此,等离子体是制备成分均匀、球形度高、缺陷少的球形金属粉末的有效途径之一。目前用于金属粉末球化处理的等离子体主要有直流电弧热等离子体和射频等离子体两种。

热等离子体球化粉末颗粒的原理是利用热等离子体高温热效应,将送入到热等离子体中的形状不规则的粉末熔融,形成熔滴。再通过快速冷却,使熔滴因表面张力而急速收缩形成球形度极佳的球状粉末。本书采用直流电弧热等离子体对不规则 TA1 粉末进行球化处理,研究原料粉末粒径及等离子体发生器功率对球化后粉末组织形貌、粒度粒形、球形度、流动性、松装密度及氧含量等组织性能指标的影响。

3.3.1　粉末前处理及分析

将 HDH 法制备的不规则钛粉末,使用筛分仪 Retsch AS 300 control 进行筛分粒度分析,采用全套筛网(目数分别为 500 目、325 目、230 目、150 目和 90 目)过筛,当振幅为 80%,过筛时间为 60 min。筛分后进行称重和含量计算,结果见表 3-15。原始钛粉末筛分组成特征见表 3-16。根据表 3-15 中数据,为了提高原始粉末的利用率,选择筛分级为-150~+200 目,-200~+300 目和-150~+200 目的颗粒进行下一步球化工作。

表 3-15　原始钛粉末筛分组成主要特征

孔径/μm	指定筛分颗粒含量(质量分数/%)						
	<25	<40	<50	<63	<70	<80	<100
目数/目	-500	400	300	230	200	180	150
原始钛粉末原料							
原始 Ti	9	36	43	62	78	89	100

表 3-16　原始钛粉末筛分组成特征

样本	指定筛分级颗粒含量(质量分数/%)			
	-500 目	-300~+500 目	-200~+300 目	-150~+200 目
原始 Ti	9	34	35	22
样本	指定筛分级颗粒含量(质量分数/%)			
	-500 目	-400~+500 目	-200~+400 目	-150~+200 目
原始 Ti	9	34	26	38

使用光学显微镜对原始粉末进行观察如图 3-35 所示,由图可见粉末颗粒具有复杂的形态和形状。这是因为原始粉末材料采用 HDH 法制备,所以存在不规则的尖角,并且每一个粒级都存在 5~10 μm 的小颗粒。因此,使用其他的分类法分离这些颗粒能得到更好的质量。

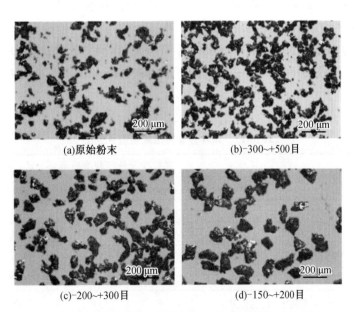

(a)原始粉末　　　　　　　　(b)-300~+500目

(c)-200~+300目　　　　　　(d)-150~+200目

图 3-35　不同筛分粒级钛粉形貌照片

不同筛分粒级钛粉粒度分布如图3-36所示。由图可见,原始钛粉粒度分布曲线很宽,说明粒径不均匀,存在极大和极小的颗粒。经过筛分分级后,不同级别的钛粉颗粒的粒度分布符合正态分布规律。相对于原始钛粉,经过筛分分级后,钛粉的粒径分布更窄,说明颗粒大小更加均匀一致。

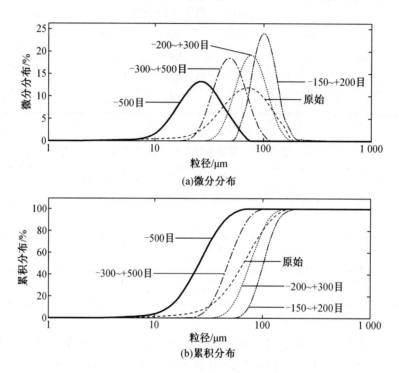

(a)微分分布

(b)累积分布

图3-36 不同筛分粒级钛粉粒度分布

表3-17和表3-18为经过筛分分级后,不同级别钛粉粒度特征情况。由表中数据可见,原始粉末的平均粒径 $D_{平均}$ 为 72.2 μm, D_{50} 为 67 μm;经过筛分后 -500 目 $D_{平均}$ 为 28.2 μm, D_{50} 为 26.1 μm; -300 ~ +500 目筛分后 D 为 51.3 μm, D_{50} 为 48.9 μm; -200 ~ +300 目筛分后 $D_{平均}$ 为 80.7 μm, D_{50} 为 77.2 μm; -150 ~ +200 目筛分后 $D_{平均}$ 为 106.7 μm, D_{50} 为 102.4 μm。

表3-17 末筛分钛粉组成质量百分比

样品		颗粒少于指定粒度质量百分比/%				
		10 μm	25 μm	50 μm	70 μm	100 μm
原始 Ti	原始 Ti	1	5.5	29.5	53.3	79.3
-500 目	<25 μm	3.4	46.3	93.5	99.9	100
-300 ~ +500 目	25~50 μm	0	1.33	53.0	86.8	99.4
-200 ~ +300 目	50~70 μm	0	0	8.0	38.0	79.6
-150 ~ +200 目	70~100 μm	0	0	0	5.5	46.2

表 3-18　末筛分钛粉组成体积分布

样品		各粒度颗粒体积分布参数/μm			
		$D_{平均}$	D_{10}	D_{50}	D_{90}
原始 Ti	原始 Ti	72.2	31.8	67.0	121.4
-500 目	<25 μm	28.2	13.9	26.1	45.7
-300~+500 目	25~50 μm	51.3	32.4	48.9	73.5
-200~+300 目	50~70 μm	80.7	51.9	77.2	114.3
-150~+200 目	70~100 μm	106.7	75.4	102.4	140.8

粉末的平均粒度实际与分布的最大值($D_{平均}$值和 D_{50} 值)相符。钛粉筛分级颗粒存在范围的特征表现为,存在的颗粒比本筛分级上限值多 2~4 倍。这种特性说明颗粒具有不规则及不紧凑形状,长径比超过 2~3。

3.3.2　等离子球化处理对粉末形貌的影响

等离子体球化设备运行的原理是,钛粉在经过加热至高温的气体流中熔化后,由于受表面张力作用以及随后从高温区快速离开进行淬火,就得到了球状颗粒。

工艺气体(氩气)穿过直流电弧放电区会形成高温等离子体气体流,流入带有水冷壁的等离子体化学反应器内。用于球化的粒度为 20~50 μm 的钛粉,用定量送粉装置以设定的送粉速率,由输送气体送入等离体子化学反应器等离子体流中。当等离子体流与送粉气体流混合时颗粒会被加热并熔化。熔体表面的张力使金属滴呈现球形,当等离子体流与分散气体流混合后,在整个反应器内等离子体流会蔓延,会使熔融的颗粒冷却并结晶。

当加热等离子体流中的颗粒时,经过处理后粉末中最小的颗粒会汽化,当冷却时,得到的钛气会凝聚形成亚微米颗粒,在得到的球化粉末中所含的亚微米颗粒浓度决定金属的性能、颗粒的形态、最重要的是决定所加工粉末的筛分组成。通常,当 50 μm 粒径的颗粒完全熔融时,小于 10 μm 粒径的颗粒就会汽化,如果表面为不规则颗粒或易于形成小碎片的脆性颗粒,那么最大颗粒的表层有可能最先出现汽化现象,含有亚微米颗粒的球化粉末(图 3-37)的质量比会发生变化,变化范围为 0~5%,甚至超过 10%。

同时,球化颗粒会在反应器的壁部及锥形底部沉积,还有部分颗粒随废气从反应器进入到过滤设备里。在粉末处理过程中应该使用自动机械系统,定期将颗粒从反应器壁部及袖式过滤器中去掉。

在反应器下部的出口及过滤装置下部出口有专门的收集器,用来收集产品。钛粉在空气中特别容易被氧化,所以要在氩气气氛干燥箱中,或者氩气逆流(Oerlikon Metco 盘式计量器)中将粉状原料加入计量器中,在不与周围空气接触的情况下,利用活塞装置将粉末产品卸载下来。基于以往球化钛粉以及推荐钛粉筛分组成的经验,进行试验研究,研究使用不同分散特征的原材料进行等离子体球化钛粉末设备对得到的球化钛粉的影响。筛分后决定使用下列筛分级的钛粉:-300~+500 目、-200~+300 目和 -150~+200 目,用这些筛分级的粉末在热等离子中进行下一步球化工作。

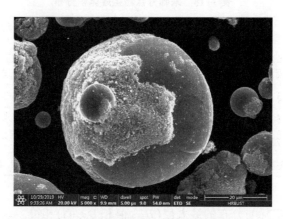

图 3-37　球化处理后形成的亚微米粉末

　　实验研究等离子体球化过程的参数：等离子体流发生器功率及分散的原材料消耗,研究球化钛粉基本特征——颗粒球化等级(根据光学显微镜统计处理的图片)、颗粒含量(超声处理后利用水悬浮液)、粉末屈服点分析(利用漏斗法霍尔流速计)及筛分成分参数(D_{10}、D_{90} 和其他激光衍射分析仪测量的结果),还有研究球化钛粉的堆积密度。

　　主要研究结果见表 3-19。确定等离子体流发生器功率和分散的原材料消耗的关系对得到球化钛粉的球化质量、化学组成和筛分组成的影响。

表 3-19　等离子体球化工况对球化的钛合金基本特征的影响

原材料分散度(筛分级)	技术参数			球化产品的特征				
	功率/kW	原材料消耗/(kg/h)	亚微米颗粒含量(质量百分比)/%	球化等级程度/%	流动性/s	松装密度/(g/cm³)	D_{50}*/μm	O 质量百分比/%
25~50 μm, −300~+500 目	16.5	0.5	2.5	89	53	2.09	37.3	—
	19.8	0.5	3.5	92	69	1.97	36.0	—
	23.0	0.5	5.2	95	127	1.58	37.7	—
	26.4	0.9	5.1	95	无	1.56	38.4	—
	26.1	0.5	5.7	97	无	1.55	36.8	0.40*
50~70 μm, −200~+300 目	19.8	0.5	2.5	82	52	2.35	64.8	—
	23.5	0.5	0	83	36	2.26	60.3	—
	26.7	0.5	2.3	85	38	2.22	56.7	—
	28.4	0.5	2.2	86	37	2.23	58.4	0.34*
70~100 μm, −150~+200 目	20.2	0.5	0	59	47	2.02	91.1	—
	30.6	0.5	0	79	37	2.36	94.6	0.47

注：* 去除亚微米颗粒后进行球化粉末的参数。

图 3-38 为将不同筛分组成(筛分级-300~+500 目、-200~+300 目和-150~+200 目)的原始钛粉进行等离子体球化得到的球化钛粉末的金相显微图片,对图片中球形颗粒占比进行分析,得到等离子体球化处理等级。由图可见,随着处理前原始颗粒的特征尺寸的增加,得到粉末的球化等级会降低,球化等级最大值会相应下降(97%→86%→79%)。

(a)-300~+500 目   (b)-200~+300 目   (c)-150~+200 目

图 3-38 不同筛分等级粉末球化后形貌

图 3-39 为球化后粉末的形貌。由图可见,粉末已经由不规则几何形状变成均匀的球形。对比采用 EPRP 制得的大颗粒粉末,粒径较大粉末的表面表现为发达的呈近似等轴花瓣状的胞状树枝晶组织,这也是 β 型钛合金所具有的典型体心立方(BCC)结构的结晶形貌,且枝晶组织粗大。而采用热等离子体技术制得的细粉末颗粒表面的组织细化,组织尺寸明显减小,颗粒表面越光滑。但是-200~+300 目粉末球化后,仍存在少量不规则粉末。这是因为当原料粉末粒径过大时,球化处理过程中,会存在部分大颗粒受热不均匀,不能被等离子体炬完全熔化的现象,导致球化效果不佳。

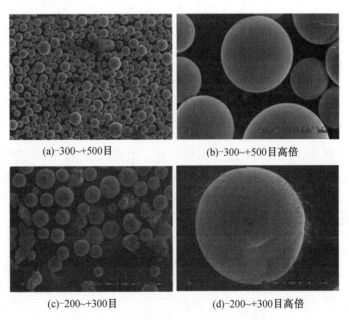

(a)-300~+500 目   (b)-300~+500 目高倍

(c)-200~+300 目   (d)-200~+300 目高倍

图 3-39 热等离子体球化后 TA1 粉末形貌

图 3-40 为球化处理前后 25~50 μm TA1 粉末横截面形貌。对比可见,球化后粉末为实

心球体,不存在空心及微孔等缺陷,其组织由初始等轴状 α 相[图 3-40(a)]转变为长条状 α 相[图 3-40(b)]。不规则 TA1 粉末在等离子体炬加热下熔化,受重力作用进入冷却气体中急速凝固,由于表面张力作用形成球形粉末。一方面,快速凝固过程中,其组织来不及粗化长大成等轴状 α 相,凝固过程就已结束,导致组织为条状 α 相;另一方面,凝固过程中的热应力也导致凝固时更易形成条状 α 相。

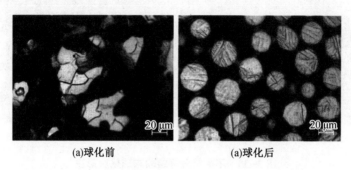

(a)球化前   (a)球化后

图 3-40 球化处理前后 25~50 μm TA1 粉末横截面形貌

对比球化前后 TA1 粉末 XRD 曲线(图 3-41),发现球化后粉末衍射峰向高角度发生微量偏移。球化处理时,液态 TA1 快速凝固过程中受到热应力作用,晶面间距变小,导致衍射峰向高角度移动。热应力是钛合金形成条状 α 相的主要诱因。

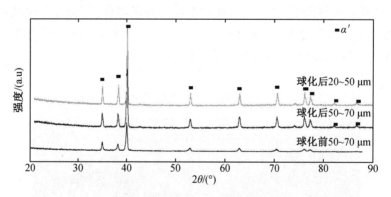

图 3-41 球化前后 TA1 粉末 XRD 曲线

表 3-20 列举出 TA1 粉末球化前后的球形度。由表可见,球化处理使粉末的球形度升高;原料粒径越小,球化后粉末球形度越高。去除亚微米颗粒可以使球形度进一步提高,最高可达 95.5%。对比图 3-42 粉末粒形可见,对于 50~70 μm 粉末,由于球化后仍存在部分不规则粉末,导致粉末球形度较低。

表 3-20 球化处理对 TA1 粉末球形度的影响   单位:%

样品	球化前	球化后	去除亚微米颗粒
25~50 μm	85.5	95.2	95.5
50~70 μm	87.1	92.7	92.7

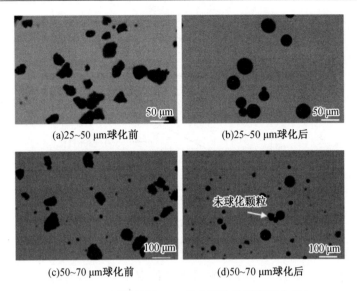

(a)25~50 μm球化前　　　　　　(b)25~50 μm球化后

(c)50~70 μm球化前　　　　　　(d)50~70 μm球化后

图 3-42　不同粒径 TA1 粉末球化前后粒形分析

图 3-43 为不同筛分级 TA1 球化前后粉末球形度对比情况。由图可见,球化处理后钛粉球形度由原始的小于 90% 提高到 90% 以上。由此说明,热等离子体球化工艺对金属粉末的整形效果非常明显。

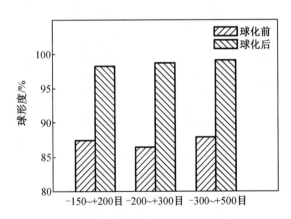

图 3-43　热等离子体球化后 TA1 粉末球形度

3.3.3　等离子体球化工况对球形度的影响

图 3-44 为不同等离子体发生器功率处理的粉末球形度。由图可见,随着等离子体发生器功率提高,有更多的不规则粉末被球化,变成规则的球形颗粒。其中,对于筛分级 -300~+500 目的钛粉,等离子体流发生器功率从 16kW 到 26 kW 功率的变化会导致球化等级(球形度)从 89% 到 97% 的持续增加。

对于筛分级 -200~+300 目的钛粉,等离子体流发生器功率从 20kW 到 28 kW 功率的变化会导致球化等级从 82% 到 86% 的持续增加。对于筛分级 -150~+200 目的钛粉,等离子体流发生器功率从 20kW 到 30 kW 功率的变化会导致球化等级从 59% 到 79% 的持续增加。

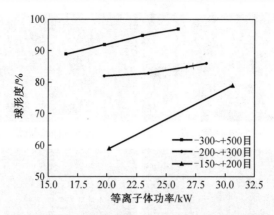

图 3-44　等离子体发生器功率对粉末球化程度的影响

　　改变送粉器输送原始粉末的速率,对粉末的球形度也会产生一定的影响,如图 3-45 所示。送粉器送粉速率大,导致原始粉末在等离子体束中分布不均匀,有部分粉末受热不均匀,不能完全得到等离子体加热而熔化,再快速凝固形成球形,导致球形度降低,如图 3-46 所示。但是如果一味为了球形度而降低送粉速率,将严重降低球形粉末的处理效率。因此本书的送粉速率最终选择 0.5 kg/h。

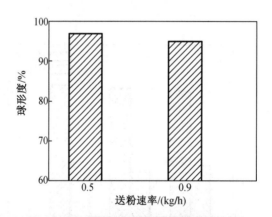

图 3-45　送粉速率对球形度的影响

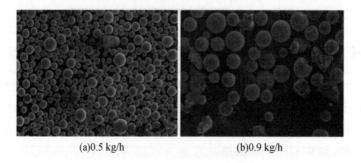

(a)0.5 kg/h　　　　　　　　(b)0.9 kg/h

图 3-46　不同送粉速率对粉末形貌的影响

3.3.4　等离子体球化工况对形成亚微米颗粒含量的影响

等离子体球化主要工况(功率及分散的原材料消耗)变化可对球化钛粉特征产生一定的影响。图 3-47 是经过球化后钛粉末形貌照片。由图可见,球形钛粉表面包裹了一层细小的亚微米颗粒。

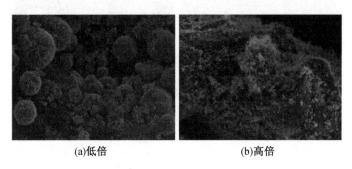

(a)低倍　　　　　　　　　　(b)高倍

图 3-47　等离子体球化过程中形成的亚微米颗粒

图 3-48 为亚微米颗粒粒径分布曲线,对其进行粒度分析表明,亚微米颗粒 D_{50} 为 196.8 nm。需要指出,在所研究的参数中,亚微米颗粒含量是最关键的参数,也就是说亚微米含量多,会使球化粉末的流动性及松装密度变差。因此,研究等离子体球化工况对于形成亚微米的影响是十分必要的。

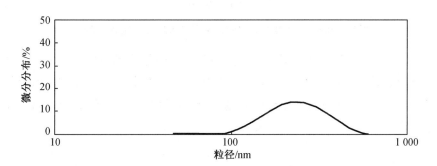

图 3-48　球形 TA1 粉末表面亚微米颗粒粒度分布

图 3-49 为球化后未清洗时 TA1 粉末的形貌。由图可见,球化粉末表面附着一层亚微米颗粒,并且原料粒径越小,球化后形成的亚微米颗粒数量越多。相同技术条件下,原料粉末粒度越小,其中所含的细小颗粒越多。一般情况下,粒径过小的粉末,在受到等离子体炬加热时,直接汽化,冷却过程中极易形成亚微米颗粒,吸附于较大粒径粉末表面。亚微米颗粒的存在,将影响粉末的松装密度、流动性和氧含量等性能指标。

图 3-50 对比了不同发生器功率处理后,粉末中亚微米颗粒含量的情况。由图可见,对于-300～+500 目筛分等级的细粉而言,随着功率升高,原始粉末中更多的细小颗粒在高温作用下熔化蒸发,最终形成亚微米粉末越多。但是对于-200～+300 目筛分等级的粉末而言,等离子体发生器功率对最终球化形成的亚微米颗粒数量的影响不大。同时,当筛分等级提高到-150～+200 目时,球化过程中基本不会形成亚微米颗粒。上述现象也为粉末在球

化之前的前处理提出了要求,就是在筛分过程中要尽量取出粒径在 10 μm 以下的小颗粒,这样可以大幅降低球化粉末中亚微米颗粒的含量,进而提高最终球化粉末的综合性能。

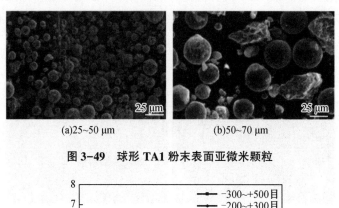

(a)25~50 μm   (b)50~70 μm

图 3-49　球形 TA1 粉末表面亚微米颗粒

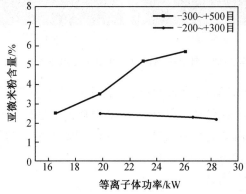

图 3-50　发生器功率对粉末中亚微米颗粒含量的影响

改变原料粉末的送粉速率,对形成亚微米颗粒的数量也存在影响,如图 3-51 所示。随着送粉速率提高,最终球化粉末中亚微米颗粒的含量会降低。对比图 3-49 和图 3-50 可见,相同等离子体发生器功率下,送粉速率越高,粉末球化程度越低,最终形成的亚微米颗粒也越少。

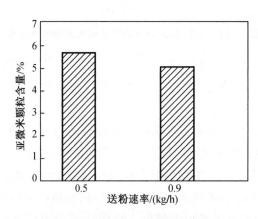

图 3-51　送粉速率对亚微米颗粒含量的影响

3.3.5　等离子体球化工况对球化粉末松装密度的影响

当含有少量的亚微米颗粒(小于 2%~2.5%)时,颗粒球化程度变为重要的参数,在这种情况下,球形度对产品松装密度有重要的影响,如图 3-52 所示。由图可见,对于筛分级 -300~+500 目的钛粉,等离子体流发生器功率从 16 kW 至 26 kW 变化会导致亚微米颗粒含量从 2.5% 至 5.7% 持续增加,松装密度从 2.09 g/cm³ 降至 1.55 g/cm³,这是因为随着功率提高,粉末的球形度越高,粉末也越细小,导致密度降低。同时,对于筛分级 -300~+500 目钛粉末,送粉率从 0.5 kg/h 至 0.9 kg/h 变化,不会导致球化粉末特征发生明显变化,松装密度从 1.58 g/cm³ 降至 1.56 g/cm³,如图 3-53 所示,这是因为粉末中亚微米颗粒的含量基本未发生变化。筛分级 -200~+300 目的钛粉,等离子体发生器功率对松装密度的影与筛分级 -300~+500 目的钛粉规律相同,由 2.35 g/cm³ 降至 2.23 g/cm³。但是对于 -150~200 目筛分级的粉末规律却相反,等离子发生器功率越高,球化后粉末的松装密度越大,这是因为随着初始粉末颗粒变大,以及粉末粒径存在正太分布规律,球化粉末中的细粉能够填充到大颗粒之间的空隙中,从而提高了粉末的松装密度。

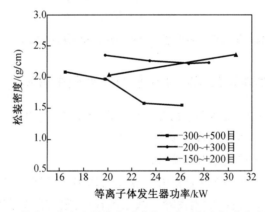

图 3-52　等离子体发生器功率对球化处理后粉末松装密度的影响

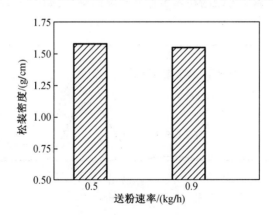

图 3-53　送粉速率对球化粉末松装密度的影响

3.3.6 等离子体球化工况对球化粉末流动性的影响

图 3-54 是球化处理后粉末流动性随着等离子体发生器功率变化情况。由图可见,对于筛分级-300~+500 目的钛粉,等离子体流发生器功率从 16 kW 到 26 kW 变化会导致粉末流动性逐渐变差,当功率大于 23 kW 时,球化后粉末已经失去了流动性。而对于其他两种筛分级的粉末,等离子体发生器功率越高,球化效果越好,粉末的流动性越好。

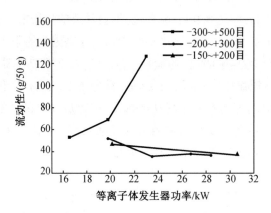

图 3-54 等离子体发生器功率对球化处理后粉末流动性的影响

3.3.7 等离子体球化工况对球化粉末粒度分布影响

由于对不同筛分级的原始钛粉进行等离子体球化处理,使用激光粒度仪分析球化钛粉的主要粒度参数(D_{10}、D_{50} 和 D_{90})和粒度分布曲线。

1. 前处理对球化粉末粒度分布和粒径的影响

图 3-55 是筛分级-300~+500 目粉末在球化处理前后粒度分布曲线,由图可见球化处理后粒度分布曲线峰值向左移动,当去除亚微米颗粒后,粉末的分布曲线变窄,说明粉末的粒度更加均匀。对于其他筛分级的粉末也存在相同的规律,如图 3-56 和图 3-57 所示。

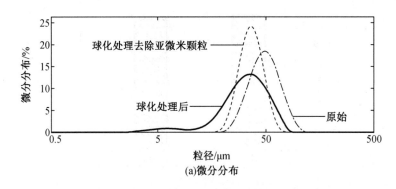

(a)微分分布

图 3-55 球化处理对-300~+500 目筛分级粉末粒度分布影响

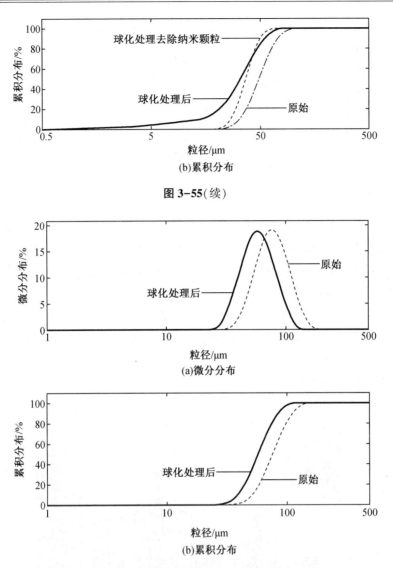

(b)累积分布

图 3-55(续)

(a)微分分布

(b)累积分布

图 3-56　球化处理对−200~+300 目筛分级粉末粒度分布影响

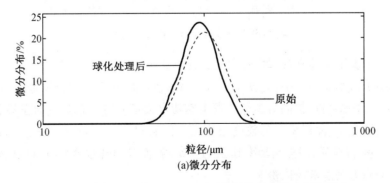

(a)微分分布

图 3-57　球化处理对−150~+200 目筛分级粉末粒度分布影响

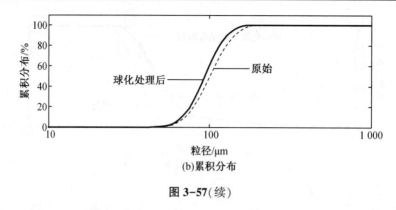

图 3-57（续）

球化处理对钛粉粒度指标的影响如图 3-58 所示。由图可见，球化处理消除了原始粉末表面不规则的尖角，对钛粉进行细化；但是这种细化粒径的效果，会随着初始粉末粒径的增加而降低。如筛分级 -300~+500 目粉末的初始粉末在球化处理后，D_{50} 粒径降低 24.7%；筛分级 -200~+300 目粉末的初始粉末在球化处理后，D_{50} 粒径降低 24.3%；筛分级 -150~+200 目粉末的初始粉末 D_{50} 在球化处理，粒径仅仅降低 7.6%。这是因为随着初始粉末颗粒增大，在球化过程中所需要的能量也就越高，而本书讨论的是在相同等离子体发生器功率下，球化处理对粉末粒度的影响。因此，为了要对原始粉末进行有目的的细化球化处理，应该适当提高等离子体发生器的功率。

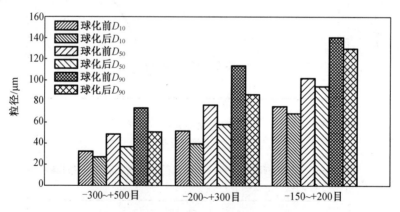

图 3-58　球化处理对钛粉粒径的影响

2. 等离子体发生器功率对球化粉末粒度分布及粒径的影响

改变等离子发生器的功率，对球化处理后钛粉的粒度分布也会产生影响，如图 3-59 和图 3-60 所示。由图可见，提高等离子体发生器功率会使粒度分布曲线向左移动，同时导致曲线所围成区域变宽，说明粉末的粒度值更宽。同时对于初始筛分级比较细的粉末，如筛分级 -500~+300 目钛粉，当提高功率到 26.1 kW 时，曲线出现双峰特征，结合前面的研究可以断定第一个峰为亚微米颗粒粉末。

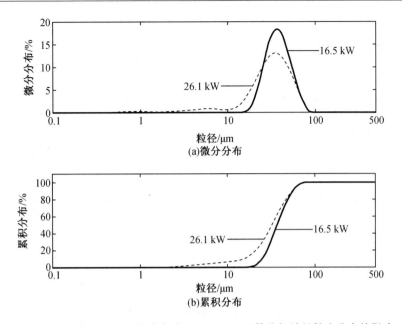

图 3-59 等离子体发生器功率对 -300 ~ +500 目筛分级钛粉粒度分布的影响

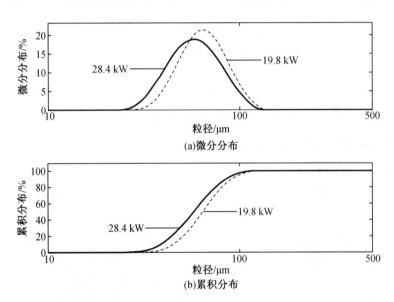

图 3-60 等离子体发生器功率对 -200 ~ +300 目筛分级钛粉粒度分布的影响

提高等离子体发生器功率,不仅会使得球化处理更加完全,还会使得球化处理后粉末的粒径会随着功率升高而降低,如图 3-61 所示。

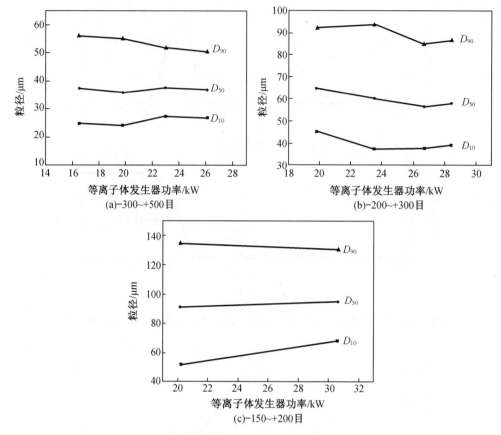

图 3-61 等离子体发生器功率对球化后钛粉粒径的影响

3. 送粉速率对球化处理粉末粒径的影响

提高原料粉末的送粉速度,由于粉末球化不完全,导致球化后粉末的粒径大于低送粉速率球化粉末,如图 3-62 所示。

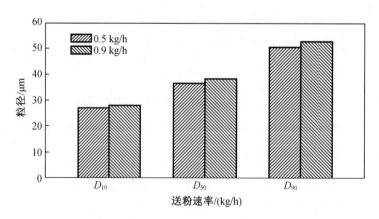

图 3-62 送粉速率对筛分级-300~+500目球化粉末粒径的影响

3.3.8 等离子体球化工况对球化粉末杂质含量影响

1. 等离子球化处理对球化粉末纯度的影响

采用光学透射显微镜法对颗粒形态和规格进行分析,如图 3-63 所示。结果表明:原始钛粉含有不同形态的颗粒形状和非金属杂质。由于颗粒形状复杂,所以很难确定颗粒的特征尺寸。

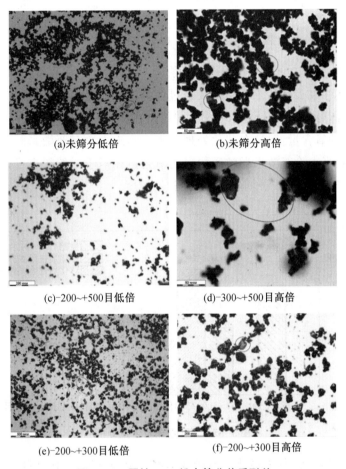

(a)未筛分低倍

(b)未筛分高倍

(c)-200~+500目低倍

(d)-300~+500目高倍

(e)-200~+300目低倍

(f)-200~+300目高倍

图 3-63 原始 TA1 粉末筛分前后形貌

图 3-64 为球化前后钛粉 XRD 曲线。由图可见,而经过等离子体球化处理后,XRD 曲线中只有 α-Ti 的衍射峰,说明球化处理可以消除杂质,提高钛粉的纯度。发现球化后粉末衍射峰向高角度发生微量偏移,说明球化处理时,液态 TA1 快速凝固过程中受到热应力作用,晶面间距变小,导致衍射峰向高角度移动。热应力是导致钛合金形成条状 α 相的主要诱因之一。

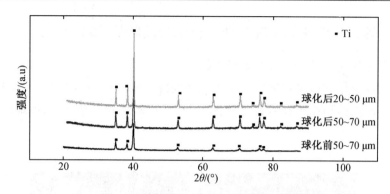

图 3-64 球化前后 TA1 粉末 XRD 曲线

2. 等离子球化处理对球化粉末氧含量的影响

图 3-65 展示了初始钛粉末样品以及经过各种筛分前处理后,球化钛粉末样品的氧含量分析结果。由图可见,初始钛粉末中氧含量维持在 8 000 ppm 高数值的水平上;球化处理后可以降低粉末的氧含量,但是在球化处理后由于粉末中含有亚微米颗粒,会导致球化粉末的氧含量升高;当去除亚微米颗粒后粉末的氧含量相对于原始粉末可以得到大幅降低。由此说明等离子球化可以部分去除粉末杂质提高纯度。

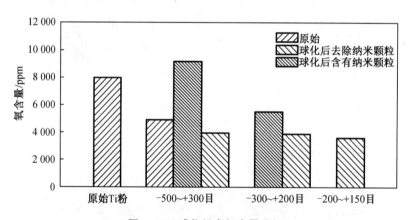

图 3-65 球化粉末氧含量分析

表 3-21 列举出 TA1 粉末球化前后的球形度。由表可见,球化处理使粉末的球形度升高;原料粒径越小,球化后粉末球形度越高。去除亚微米颗粒可以使球形度进一步提高,最高可达 95.5%。对比粉末粒形可见,对于 50~70 μm 粉末,由于球化后仍存在部分不规则粉末,导致粉末球形度较低。

表 3-21 球化处理对 TA1 粉末球形度的影响   单位:%

样品	球化前	球化后	去除亚微米颗粒
25~50 μm	85.5	95.2	95.5
50~70 μm	87.1	92.7	92.7

3.3.9　补充处理对等离子体球化粉末性能的影响

如前文所述研究结果可以发现,在等离子体球化处理后粉末中含有部分亚微米级颗粒,会对球化粉末的性能产生影响。同时由于前处理筛分不完全,或是球化过程中等离子体束工作状态的影响,都会对球化粉末产生一定的影响。因此在球化处理后,我们对球化粉末进行后续筛分处理,并研究后处理对粉末性能的影响。

1. 补充处理方法

第一步:将不同筛分级原始粉末进行球化处理后,从样品收集器中取出,并在惰性气体保护下进行筛分,筛网与初始筛分时所用筛网参数相同,去除较大颗粒。

第二步:对筛分后的球化粉末,进行去除亚微米颗粒的操作。将球化筛分后的粉末放入无水乙醇中,采用超声震荡形成悬浊液。分离含有亚微米颗粒的悬浊液后,将样品在 50 ℃的真空干燥箱中进行随后的干燥处理。在工业条件下,该过程需要在惰性环境中的密闭容器中进行。补充处理前后粉末的形貌如图 3-66 所示。由图可见,增加补充处理后,粉末表面更加光滑。

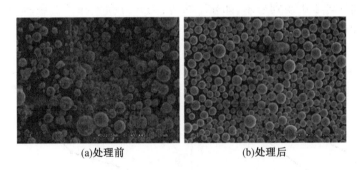

(a)处理前　　　　　　　　　　(b)处理后

图 3-66　补充处理对球化粉末形貌的影响

2. 补充处理对球化粉末性能的影响

表 3-22 列举了增加补充处理后,球化粉末的基本性能参数情况。

表 3-22　处理后对球化粉末性能影响

初始原料筛分级	球化技术		处理后球化产品性能参数					
	功率/kW	送粉率/(kg/h)	球形度/%		流动性/s		松装密度/(g/cm³)	
			等离子球化处理后	补充处理后	等离子球化处理后	补充处理后	等离子球化处理后	补充处理后
-300~+500 目	16.5	0.5	89	93	53	32	2.09	2.53
	19.8	0.5	92	95	69	32	1.97	2.52
	23.0	0.5	95	96	127	31	1.58	2.55
	26.4	0.9	95	97	—	31	1.56	2.56
	26.1	0.5	97	98	—	31	1.55	2.57

表 3-22(续)

初始原料筛分级	球化技术		后处理后球化产品性能参数					
	功率/kW	送粉率/(kg/h)	球形度/%		流动性/s		松装密度/(g/cm³)	
			等离子球化处理后	补充处理后	等离子球化处理后	补充处理后	等离子球化处理后	补充处理后
-200~+300 目	19.8	0.5	82	86	52	37	2.35	2.42
	23.5	0.5	83	89	36	36	2.26	2.48
	26.7	0.5	85	91	36	34	2.22	2.56
	28.4	0.5	86	92	37	35	2.23	2.57
-150~+350 目	20.2	0.5	59	70	47	—	2.02	—
	30.6	0,5	79	87	37	—	2.36	—

　　图 3-67 和图 3-68 对比了球化处理,增加补充处理对球化粉末性能的影响情况。由图可见,补充球化处理后粉末的球形度、流动性和松装密度具有不同程度的提高。这是因为,补充处理一方面处理了不规则粉末,如黏结块等;另一方面去除了亚微米级粉末,进而提高粉末的流动性和松装密度。

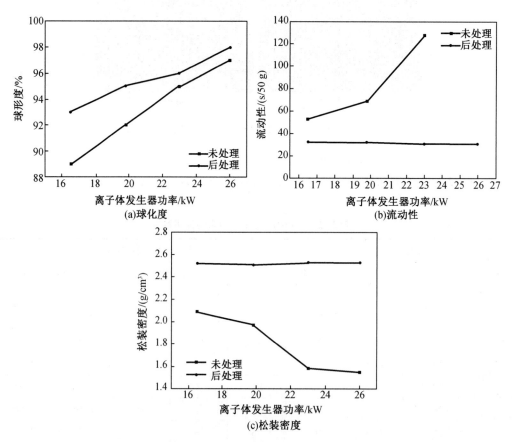

图 3-67　补充处理对-300~+500 目筛分级球化粉末性能的影响

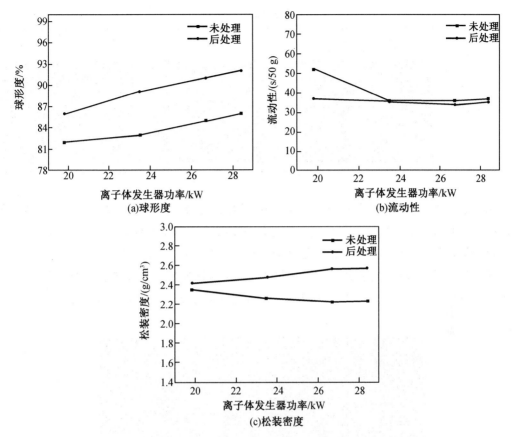

图 3-68　补充处理对-200~+300 目筛分级球化粉末性能的影响

3.4　常用制粉技术对比

表 3-23 列举了目前常用工艺制备出的钛合金粉末的基本性能及生产成本等指标,由表中数据可见,等离子体旋转电极法和热等离子体球化法制备的粉末性能优于传统的气雾化方法,可以满足金属 3D 打印的使用要求。

表 3-23　不同制粉技术对钛合金粉末性能的影响

	惰性气体雾化法	等离子体旋转电极法	热等离子体球化法
生产效率	高	高	一般
成本	低	高	高
球形粉收率/%	80~90	>95	>95
球形度/%	<91	>93	>95
粒度分布/μm	0~200	15~150	10~60
氧含量/ppm	>1100	<800	<800

表 3-23(续)

	惰性气体雾化法	等离子体旋转电极法	热等离子体球化法
颗粒形貌	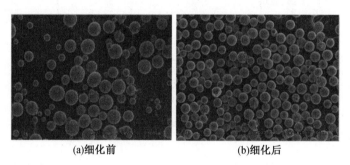		

由于激光 3D 打印成形主要采用 15~53 μm 的细粉,为了提高细粉收得率。结合热等离子体球化技术的研究结果,采用热等离子体球化技术将采用 PREP 制得的−200~+325 目 TC4 粉末进行细化处理。图 3-69 为细化处理前后粉末形貌照片。由图可见,经过细化处理后,粉末粒径降低,同时颗粒大小更加均匀。图 3-70 为细化处理前后粉末粒度分布情况。由图可见,经过等离子体球化处理后,粉末 D_{50} 由细化前的 127 μm 下降到 71 μm。

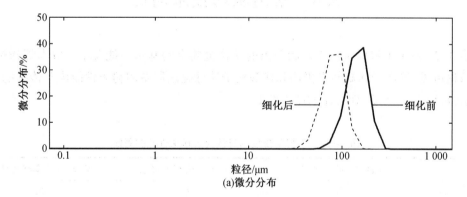

(a)细化前   (b)细化后

图 3-69   细化处理前后 TC4 合金形貌

图 3-70   细化处理前后 TC4 合金粒度分布

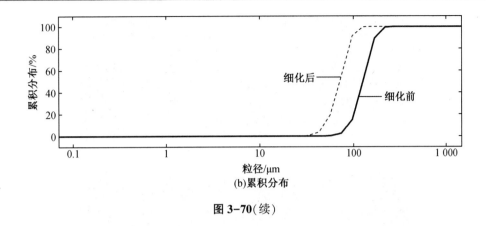

图 3-70(续)

3.5　钛合金构件选择性激光熔化成形技术研究

本书将采用等离子体雾化制备的钛合金粉末用于 3D 打印成形,目的是比较自制钛合金粉末与传统法制备的钛合金粉末在金属 3D 打印成形中的应用优势。当前用于金属材料的主要的 3D 制造技术主要分为五种:立体光固化成形(Stereo lithography Appearance,SLA)法、分层实体制造(Laminated Object Manufacturing,LOM)法、三维喷涂黏结成形(3 Dimension Printer,3DP)、选择性激光熔化(Selective Laser Melting, SLM)法和熔丝沉积成形(Fused Deposition Modeling,FDM)法。金属增材制造的原材料主要为金属粉末或者金属丝,采用电子束、激光等作为热源将其熔化,之后以层层叠加的形式形成打印件,其具有致密度高、性能优良等特点。其中金属材料增材制造中应用最广的是选区激光熔化成形技术,选区激光熔化成形技术不仅具有一般增材制造技术生产周期短、能够制造机构复杂零件的优点,它还具有成形温度高,能够熔化金属粉末的特点,因此成形件密度大,接近理论全密度,力学性能优异。

3.5.1　激光功率对组织及性能影响研究

1. 功率对微观组织的影响

图 3-71 为扫描速率 1 000 mm/s 时,不同激光功率下 TC4 合金的微观组织照片。由图 3-71 可见,在合金的水平方向和垂直方向均存孔洞缺陷;随着打印功率提高,孔洞数量逐渐降低。合金中的孔洞缺陷是由于粉末熔化不充分造成的。功率越高,作用于粉末的能力越大,钛合金粉末熔化越充分,TC4 合金的组织越致密,相应的孔洞缺陷越少。

同时可以看到 TC4 合金典型的 β 相轮廓,内部为针状 α′马氏体相;随着打印功率升高,初生 β 相晶粒变细。选区激光熔化成形的微熔池在极快的冷却速度下凝固,此时初始形成的 β 相向 α 相转变来不及进行,但是晶体结构会发生变化。当温度降低至马氏体相变开始温度 Ms 点,发生马氏体相变。研究表明,形成的马氏体 α′ 与初始 β 相遵循一定的晶体学位相关系。图 3-72 为不同激光功率下 TC4 合金的 XRD 分析结果,由图可见,随着激光功率由 150 W 升高到 190 W,材料的相组成基本没有变化,仍为 α′-Ti 相。

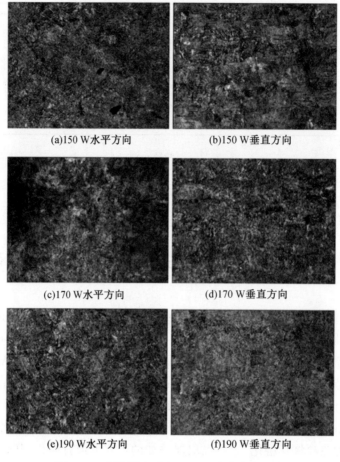

(a)150 W水平方向   (b)150 W垂直方向

(c)170 W水平方向   (d)170 W垂直方向

(e)190 W水平方向   (f)190 W垂直方向

图 3-71 不同激光功率下 TC4 合金金相组织

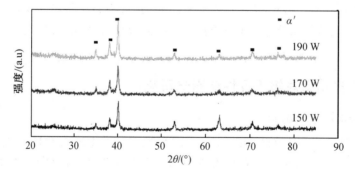

图 3-72 不同激光功率下 TC4 合金 XRD

2. 功率对力学性能的影响

图 3-73 为不同打印技术下 TC4 合金拉伸曲线,由图可见,拉伸性能与功率成相应关系。表 3-24 为不同功率下具体拉伸性能,由数据可见,随着激光打印功率升高,TC4 合金的抗拉强度、屈服强度和断裂延伸率逐渐提高;但是打印功率对弹性模量影响不大。

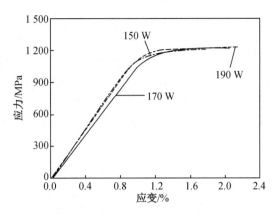

图 3-73　不同打印技术下 TC4 合金拉伸曲线

表 3-24　不同功率下 TC4 合金力学性能

功率/W	抗拉强度/MPa	屈服强度/MPa	断裂延伸率/%	弹性模量/GPa
150	1 219.0	1 178.5	1.78	120.4
170	1 225.8	1 188.0	2.03	119.9
190	1 234.9	1 209.8	2.14	123.6

　　理论上随着试样屈服强度下降,试样延伸率整体应呈现上升的趋势,但实际拉伸实验中,延伸率除了受显微组织的影响外,受孔洞缺陷的影响也较大,孔洞的存在会严重降低试样的延伸率。因此本实验中随着打印功率升高,试样中孔洞缺陷降低,材料的力学性能逐渐升高。但是材料组织的变化对弹性模量的影响并不明显。图 3-74 是不同功率下对材料拉伸强度影响情况的曲线拟合,由该图可见功率对 TC4 合金抗拉强度的影响为线性关系。

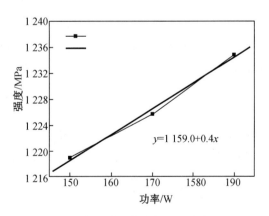

图 3-74　不同功率下 TC4 合金抗拉强度

　　"断口"是直接反应断裂原因的有效"物证",拉伸断口能够"鲜活"地体现断裂处存在的一些问题,包括夹杂、孔洞、偏析等缺陷。图 3-75 为不同功率下 TC4 合金拉伸断口形貌,并且有明显的韧窝存在,为典型的韧性断裂特征。韧窝的形成机理主要包括如下两类。

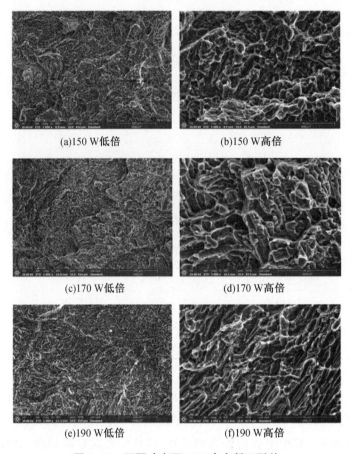

(a)150 W低倍   (b)150 W高倍

(c)170 W低倍   (d)170 W高倍

(e)190 W低倍   (f)190 W高倍

图 3-75 不同功率下 TC4 合金断口形貌

（1）微孔聚集型

材料内部细小孔洞缺陷在应力作用下会拉长和长大，尤其在材料塑性变形过程中，微孔长大后会发生聚集，当达到一定大小程度后，会在较大孔洞处发生断裂，这就是微孔聚集型韧窝形成的过程。由此可知，当材料内部孔洞缺陷较少时候，孔洞扩展过程中发生聚集的可能性就越小，因此韧窝能够长很大，由此可知，在同一条件下，韧窝的大小在一定程度上能够衡量材料的塑性好坏。

（2）第二相质点引起型

在某些断口韧窝底部我们能够发现一些颗粒状第二相质点，它可能是成形过程中的夹杂物或者析出相等。这种情况就是我们所说的第二相质点引起的韧窝类型。这种韧窝形成的机理区别于微孔聚集型机理，这种韧窝起源并非来自材料内部的孔洞，而是材料内部杂质颗粒。

图 3-76 为不同功率下 TC4 合金硬度情况，由图可见，随着功率升高，激光能量密度升高，孔洞缺陷降低，材料组织更加致密，进而提升硬度。经过曲线拟合，可以发现材料硬度与激光功率之间为线性关系。其表达式为 $y = 183.6 + 0.2x$。

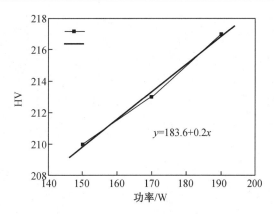

图 3-76　不同功率下 TC4 合金硬度

3.5.2　激光扫描速度对组织及性能影响研究

1. 扫描速度对微观组织的影响

扫描速度主要是通过影响激光热源与粉末层的相互作用时间,进而影响热源对粉末床的热输入大小。图 3-77、图 3-78 和图 3-79 为不同扫描速度下,TC4 合金的金相组织照片。由图 3-77、图 3-78 和图 3-79 可见,扫描速率较低时,激光热源与粉末作用时间长,材料内部组织更加均匀。

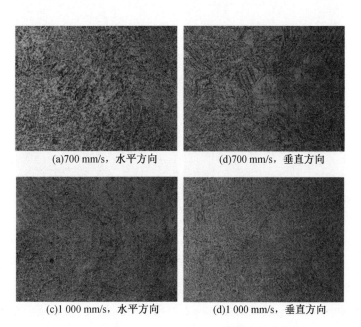

(a)700 mm/s,水平方向　　　　(d)700 mm/s,垂直方向

(c)1 000 mm/s,水平方向　　　　(d)1 000 mm/s,垂直方向

图 3-77　功率为 150 W 时不同扫描速率下合金组织

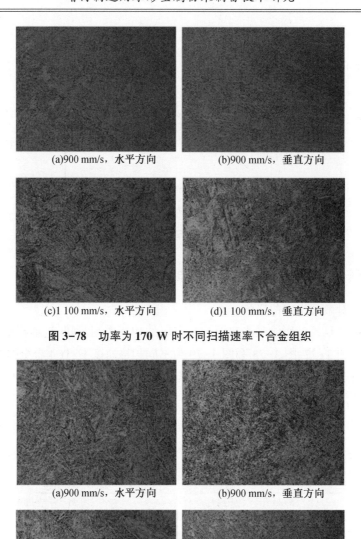

(a)900 mm/s，水平方向　　　　(b)900 mm/s，垂直方向

(c)1 100 mm/s，水平方向　　　　(d)1 100 mm/s，垂直方向

图 3-78　功率为 170 W 时不同扫描速率下合金组织

(a)900 mm/s，水平方向　　　　(b)900 mm/s，垂直方向

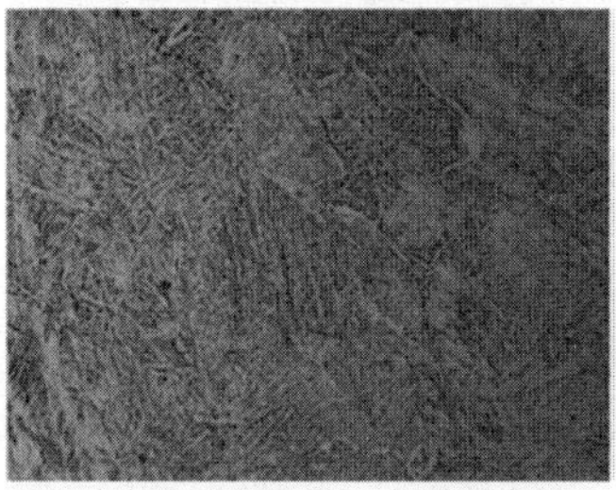

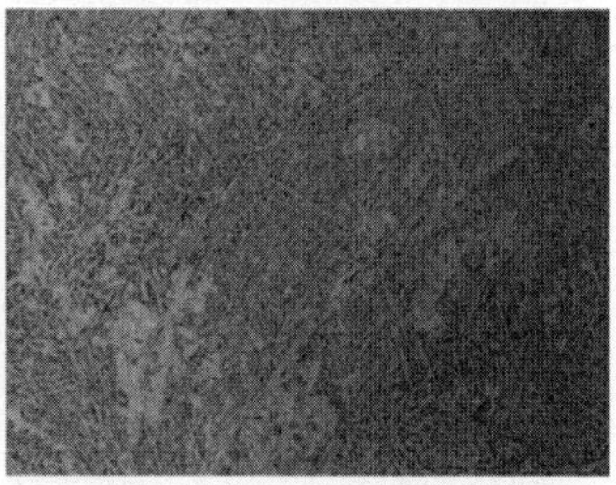

(c)1 100 mm/s，水平方向　　　　(d)1 100 mm/s，垂直方向

图 3-79　功率为 190 W 时不同扫描速率下合金组织

　　图 3-80 为不同速率下合金 XRD 分析结果，由图可见，扫描速率对材料相结构基本没有影响。在相同激光功率下，激光热源与粉末作用的时间较长，粉末吸收的热量较多，熔池的高度增加，熔池的宽度和深度均降低，熔池与块体上表面的夹角逐渐减小。此时材料组织更加均匀，因此在实际工作中应该综合考虑扫描速率与功率的影响。图 3-81 为不同打印技术参数下 TC4 合金微观组织 SEM 照片，由图可见，打印技术参数中激光功率及打印速率对合金微观组织没有影响，合金主要为板条状马氏体结构。

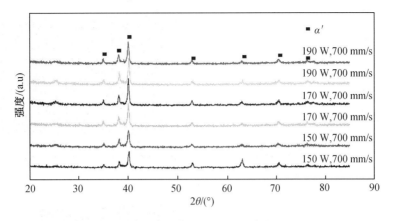

图 3-80　不同扫描速率下 TC4 合金 XRD

(a)160 W，800 mm/s，水平方向　　　(b)160 W，800 mm/s，垂直方向

(c)160 W，1 000 mm/s，水平方向　　(d)160 W，1 000 mm/s，垂直方向

(e)170 W，900 mm/s，水平方向　　　(f)170 W，900 mm/s，垂直方向

图 3-81　不同打印技术下 TC4 合金微观组织

　　图 3-82 为不同速率下 TC4 合金 EDS 分析结果，由图可见，打印件仍含有 Ti、Al 和 V 三种元素。进一步对元素含量进行具体分析，结果如表 3-25 所示。由其中数据可见，本书采用的打印工艺，尤其是扫描速率对材料合金元素含量影响不大。TC4 合金仍然保持规定的合金元素含量。

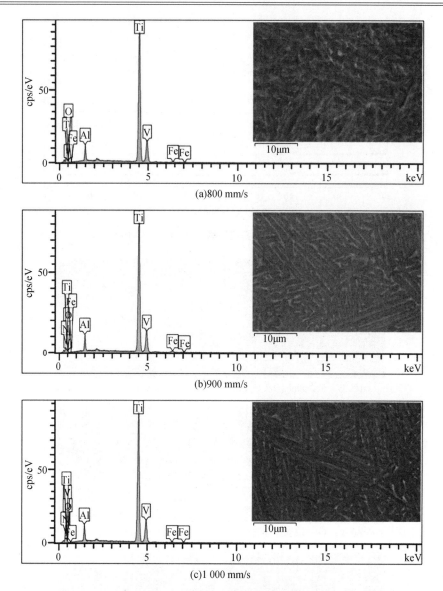

(a)800 mm/s

(b)900 mm/s

(c)1 000 mm/s

图 3-82　不同速率下 TC4 合金 EDS 分析

表 3-25　Ti、Al 和 V 合金元素含量分析

扫描速率 元素	800 mm/s		900 mm/s		1 000 mm/s	
	质量分数/%	原子百分数/%	质量分数/%	原子百分数/%	质量分数/%	原子百分数/%
Al	5.20	8.89	5.48	9.34	5.48	9.35
Ti	90.85	87.53	90.84	87.33	90.88	87.37
V	3.95	3.58	3.68	3.32	3.63	3.28

2.扫描速率对力学性能的影响

图 3-83 是不同技术参数下 TC4 合金的拉伸强度情况,由图可见,在相同功率下,扫描速率越低拉伸强度越高,但是针对本研究所用 3D 打印机,扫描速率对拉伸强度的影响效果

不大。这是因为扫描速率较低时,材料内部组织更加均匀。在相同激光功率下,激光热源与粉末作用的时间较长,粉末吸收的热量较多,熔池的高度增加,熔池的宽度和深度均降低,熔池与块体上表面的夹角逐渐减小。

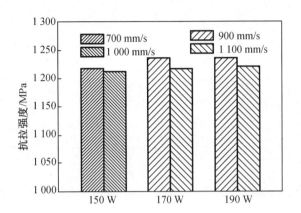

图 3-83　扫描速率对 TC4 合金拉伸强度的影响

图 3-84 为不同技术条件下的弹性模量情况,由图可见,扫描速率对弹性模量的影响是,随着速率上升,弹性模量有所升高,但是总体效果不明显。图 3-85 是不同扫描速率下 TC4 合金拉伸断口形貌,由图可见,TC4 合金断裂呈现金属典型的塑性断裂特征。

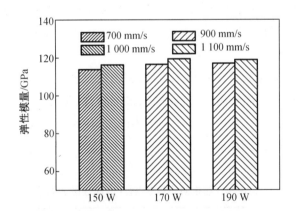

图 3-84　扫描速率对 TC4 合金弹性模量的影响

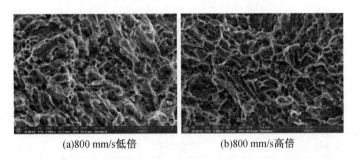

(a)800 mm/s低倍　　　　　(b)800 mm/s高倍

图 3-85　扫描速率对 TC4 合金拉伸断口形貌的影响

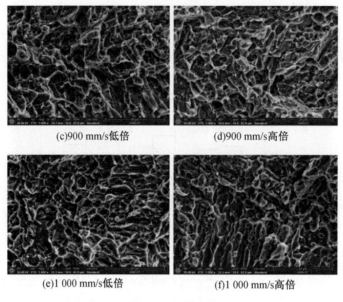

(c)900 mm/s低倍   (d)900 mm/s高倍

(e)1 000 mm/s低倍   (f)1 000 mm/s高倍

图 3-85(续)

3.5.3　初始粉末性能对力学性能的影响

在钛合金中氧、氮和碳等元素是间隙固溶元素,会扩大 α 相区,是 α 稳定元素,在钛合金中作为杂质元素存在。钛合金粉末是一种极易吸收氧元素的金属粉末,在制备和存储过程中由于密封不严等问题会导致其氧含量增加。本研究重点考察了粉末含氧量对最终 3D 打印件力学性能的影响。

表 3-26 为使用不同含氧量 TC4 粉末打印的构件,在不同打印技术下的力学性能。由表中数据可见,初始粉末氧含量越高,打印件的强度越高,延伸率越低;但是弹性模量受氧含量的影响不大。由此说明,当 3D 打印时所使用的粉末氧含量越高时,最终打印的构件其强度越高,但是塑性会有所下降。

表 3-26　粉末氧含量对 TC4 力学性能的影响

打印工艺	氧含量 /ppm	抗拉强度 /MPa	屈服强度 /MPa	弹性模量 /GPa	延伸率 /%	致密度 /%
160 W, 800 mm/s	795	1 010.0	945.0	96.7	15.5	98.7
	1 940	1 220.3	1 179.8	118.3	3.4	98.5
170 W, 900 mm/s	795	1 008.6	960.8	117.13	8.6	98.9
	1 940	1 225.8	1 187.2	117.0	2.4	98.9
180 W, 1 000 mm/s	795	1 009.6	966.4	127.1	18.3	99.8
	1 940	1 233.4	1 200.4	119.0	3.6	99.8

这是因为在打印成形过程中,钛合金表面吸附的氧元素随着金属粉末熔解,进入合金

内部,使得金属晶格发生畸变,增加位错运动的阻力,进而提高合金强度。但是,氧元素溶于金属基体后,因与位错发生交互左右,并偏聚在位错线附近形成柯氏气团,导致合金塑性降低,所以随着粉末氧含量增加,合金的延伸率减少,如图 3-86 所示。由图 3-87 不同原料粉末氧含量对 TC4 钛合金拉伸断口形貌可见,随着原料粉末氧含量增加,TC4 合金断口中的韧窝数量减少,这也进一步说明合金塑性降低。

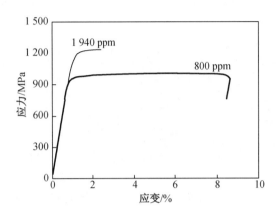

图 3-86　原料粉末氧含量对 TC4 钛合金力学性能的影响

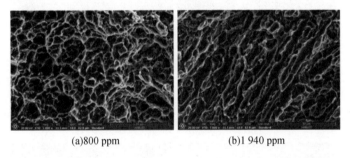

(a)800 ppm　　　　　　　　　(b)1 940 ppm

图 3-87　原料粉末氧含量对 TC4 钛合金拉伸断口形貌的影响

3.5.4　激光能量密度对组织及性能的影响

1.激光能量密度对微观组织的影响

如前文所述,钛合金 3D 打印过程中,打印参数对材料组织性能的影响非常复杂。为了方便分析打印技术的影响,定义材料打印过程中的激光能量密度参数为最终影响因素。本节采用 75~150 μm 的 TC11 粉末进行选区激光熔化成形,分析激光能量密度对合金组织及性能的影响。

图 3-88 和图 3-89 为不同能量密度下成形 TC11 组织照片,由图可见随着打印过程中激光能量密度升高,材料组织更加均匀且内部孔洞缺陷减少,并且晶粒得到细化。均匀致密的微观组织有利于提高材料的力学性能。但是,由图 3-90 不同激光能量密度下成形 TC11 合金 XRD 曲线可见,激光能量密度对合金相结构基本没有影响。

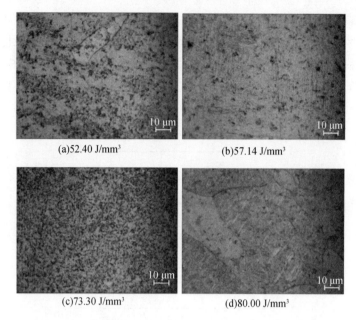

(a)52.40 J/mm³ (b)57.14 J/mm³

(c)73.30 J/mm³ (d)80.00 J/mm³

图 3-88 能量密度对 TC11 钛合金水平方向形貌的影响

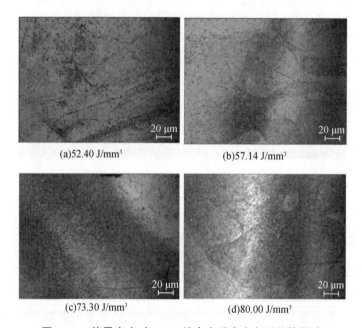

(a)52.40 J/mm³ (b)57.14 J/mm³

(c)73.30 J/mm³ (d)80.00 J/mm³

图 3-89 能量密度对 TC11 钛合金垂直方向形貌的影响

2. 激光能量密度对力学性能的影响

图 3-91 为激光能量密度对 TC11 合金拉伸强度的影响,由图可见,随着激光能量密度提高,材料强度逐渐升高。本研究采用大粒径钛合金粉末制备的 TC11 合金具有良好的力学性能,其抗拉强度最高可达 1 400 MPa 以上。由图 3-92 不同 TC11 合金断口照片可见,SLM 成形材料具有典型脆性断裂特征。同时,由于采用大粒径粉末进行激光成形,由断口照片可见,未熔化粉末在材料拉伸过程中存在脱落现象。

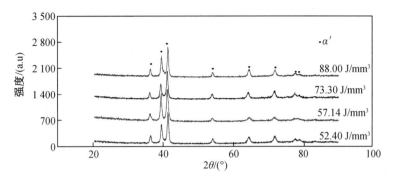

图 3-90　不同激光能量密度下 TC11 合金 XRD 分析

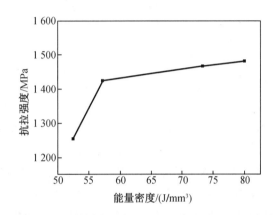

图 3-91　激光能量密度对 TC11 合金抗拉强度的影响

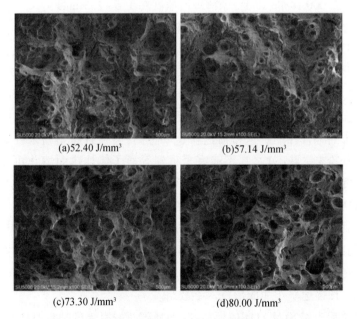

(a)52.40 J/mm³　　　　　　　(b)57.14 J/mm³

(c)73.30 J/mm³　　　　　　　(d)80.00 J/mm³

图 3-92　能量密度对 TC11 钛合金拉伸断口的影响

3.6　应 用 研 究

3D 打印成形 TC4 合金构件广泛应用于航空航天及医疗领域。本书将研制的合金粉末用于实际构件打印成形,并进行力学性能、射线检测及渗透性检测,检测结果表明均未发现明显的组织缺陷。由此证明球形钛合金粉末可以应用于 3D 打印领域。

3.7　本 章 小 结

(1)等离子体旋转电极法可以制备球形度在 95% 以上的,粒度分布均匀的球形钛合金粉末。大粒径粉末的表面为发达的呈近似等轴花瓣状的胞状树枝晶组织。电极转速是影响粉末性能的重要因素,电极转速越高粉末的粒径越小。粉末的氧含量随着粉末粒径变小而升高,但是氮含量受粉末尺寸影响不大。粉末粒径越小振实密度和松装密度越高,但是由于粉末变细流动性会变差。通过合理控制技术参数及棒料表面光洁度和同轴度,合金棒料的利用率可以达到 93% 以上。为了防止粉末含氧量及夹杂增加,在棒料机械加工过程中要严格控制表面清洁度,在粉末制备及后续包装过程中应该严格控制污染物及杂质颗粒存在的情况,建议在真空环境或者高纯氩气环境下进行操作。为了提高粉末收得率,应选择制粉电极转速在 22 000 r/min 以上,棒料进给速度在 1.5~2.5 mm/s。

(2)热等离子体球化方法,可以将不规则钛合金粉末通过整形处理,形成规则的球形金属粉末。通过调整球化技术参数,可以对钛合金粉末的形貌、球形度、氧氮含量等技术指标性能控制。采用热等离子体技术制得的细粉末颗粒表面的组织细化,组织尺寸明显减小,颗粒表面越光滑。等离子体球化处理过程中,等离子体发生器功率越高,粉末球化率越高,单一粉末球形度越高,粉末流动性越好。但是当功率过高时,会导致粉末中亚微米颗粒增加,进而影响粉末的综合性能。送粉器送粉速率过高,会导致原始粉末在等离子体束中分布不均匀,有部分粉末受热不均匀,不能完全得到等离子体加热而熔化再快速凝固形成球形,导致球化程度降低。但是当送粉速率过低是,同样也会导致产生亚微米颗粒。因此确定球化工艺为,功率在 16~32 kW,送粉速率在 0.5~0.9 kg。

(3)本书采用等离子体旋转电极法制备的钛合金粉末能够满足金属 3D 打印的使用要求。最终构件的力学性能完全满足实际使用要求。为降低增材制造产品的生产周期,提升材料性能,可以在粉末层厚 30 μm 扫描间距 0.1 mm 条件下,选择 150~190 W 的激光功率,700~1 100 mm/s 扫描速率作为成形技术参数组。

(4)TC4 合金粉末经 SLM 打印成形后,拉伸强度及屈服强度随着打印功率升高而提高,但是会随着扫描速率提升而降低;而打印技术参数对合金弹性模量影响不大;采用 190 W,1 100 mm/s 打印的 TC4 合金拉伸及屈服强度均可达 1 200 MPa 以上,弹性模量达到 120 GPa以上。

第4章 高温合金增材制造技术研究

镍基高温合金在 650 ℃~1 000 ℃具有较高的强度和良好的抗氧化、抗燃气腐蚀能力，可以长时间在高温环境下进行工作，从而被广泛应用于航空航天等领域。但其本身含有大量的合金元素，在激光加工过程中存在一些常见的问题，如裂纹敏感性强、元素偏析严重、显微组织各向异性显著、力学性能可控性差等。镍基合金中具有较强好氧能力的铬和铝元素在高温下容易与形成气氛中的氧元素相互作用形成细氧化渣，但镍基合金与基体界面的润湿性较差，导致裂纹，降低力学性能；碳、铌、钼等元素容易聚集在晶界，显著增加熔点低的共晶相含量，加剧热影响区热裂纹的形成。此外，各种晶界析出物会消耗镍基体中的强化相形成元素，从而显著降低激光增材镍基构件的力学性能。目前，镍基高温合金的激光增材成形材料主要集中在 Inconel 系列合金上，其中沉淀强化 Inconel718 和固溶强化 Inconel625 具有较强的可焊性，也适用于基于粉末熔化/凝固冶金的激光增材材料。一方面，激光增材制造生产的 Inconel 系列合金组织在成形方向上呈明显柱状晶体，具有较强的成形方向织构；另一方面，合金在水平方向上表现出细胞结构，合金在晶界容易析出碳化物，Laves 等脆性相。

为了解决上述问题，一是从打印技术入手，通过调整技术参数，控制材料组织性能；二是从原材料入手，通过对原料粉末质量控制，最终影响打印件组织和性能。本章重点介绍采用等离子体旋转电极法和热等离子体球化法制备高温合金粉末，并将制备出的高温合金粉末用于选区激光熔化成形，进行应用验证。

4.1 高转速等离子体旋转电极法制备高温合金粉末

采用直径为 30 mm，长度为 150 mm 同牌号合金棒为原料电极，调节棒料转速分别为 43 000 r/min、47 000 r/min 和 50 000 r/min，制备高温合金粉末。电极棒照片如图 4-1 所示。对制备出的高温合金粉末进行震动筛分，并对其进行组织性能分析。筛分过程中筛网目数与对应粉末粒度详见表 4-1，为直观表明粉末粒径大小，本章采用筛网目数所对应的粒径范围标记经过筛分后的粉末。

(a)制粉前　　　　　　　　(b)制粉后

图4-1　等离子体旋转电极法原料电极棒

表4-1　筛分分级筛网目数对应粉末粒度范围

筛网目数/目	对应粒径范围/μm
−325~+500	25~45
−200~+325	45~75
−150~+200	75~100
−100~+150	100~150

4.1.1　电极转速对粉末组织性能的影响

1. 电极转速对粉末粒径的影响

图4-2为不同转速制备的 GH3536 合金粉末粒度分布图,由图可见,粉末粒径 D_{50} 分别为 51.19 μm、50.71 μm 和 47.18 μm。说明粉末的平均粒度与棒料转速成反比关系,随着棒料转速的增大,粉末平均粒度不断减小,也就是说提高棒料转速可以细化粉末粒度。在等离子体旋转电极制粉过程中,在棒料旋转产生的离心力作用下,棒料端面会不断熔化形成液滴。当棒料转速越大时,形成的离心力越大,棒料端面熔膜会变得越薄,进而由熔膜飞射出而形成的液滴半径越小,使得最终粉末颗粒越细小。随着电极棒转速的增大,粉末粒度在变细的同时分布范围也变得越来越窄,粉末粒度越集中。

采用振动筛分法对所制得的 GH3536 高温合金粉末在高纯氩气保护下进行粒度分级,分析不同分级状态下粉末出粉率。在不同转速技术条件下制得的粉末,经过不同目数筛网过筛后所得粉末的平均收率情况如图4-3所示,由图可见,高速旋转电极法制备的粉末粒度在 150 μm 以下,大致呈现正态分布且较为集中,其中50%以上的粉末粒度主要集中在 45~75 μm;极细粉比例较低,粉末粒度小于 25 μm 的粉末不超过5%;同时大于 75 μm 的粗粉含量也较低。通常用于选区激光熔化成形的原料粉末粒度为 15~53 μm。由此可见,高转速旋转电极法制粉是一种高效的制粉方式。

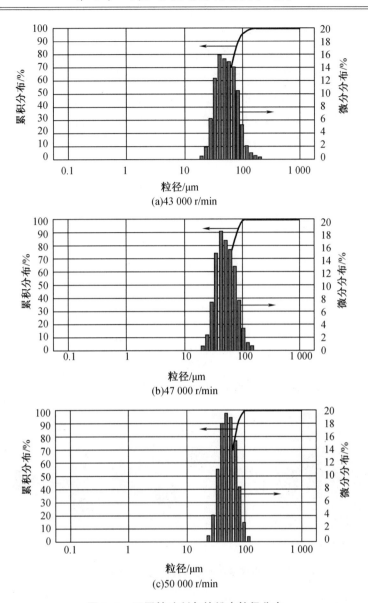

图 4-2 不同转速制备的粉末粒径分布

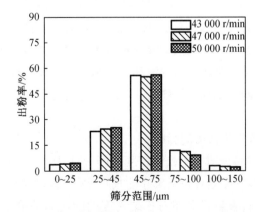

图 4-3 电极棒转速对不同筛分级粉末出粉率的影响

2.电极棒转速对粉末球形度的影响

对于不同转速下制备的 GH3536 高温合金粉末,选取 45~75 μm 的粉末进行球形度的分析。分析结果如图 4-4 和图 4-5 所示,可以发现,随着转速的提高,粉末中椭圆形的颗粒数量大幅度减小,球形颗粒占比率增加。进一步对不同转速下制备出的粉末进行球形度分析,由图 4-4 可见随着电极棒转速提高,粉末的球形度也在提高。这是因为随着电极棒转速提高,液态金属所受到的离心力越大,越容易在飞行冷却过程中形成球形。

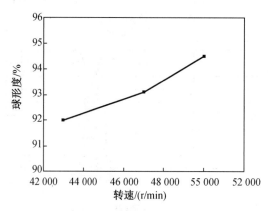

图 4-4　电极棒转速对粉末球形度的影响

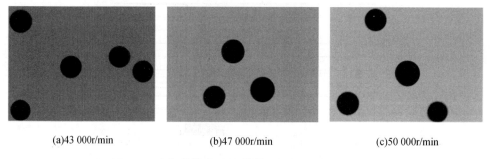

(a)43 000r/min　　　　(b)47 000r/min　　　　(c)50 000r/min

图 4-5　电极棒转速对粉末球形度的影响光投影分析

3.电极棒转速对粉末流动性的影响

图 4-6 分析了电极棒转速对筛分后 GH3536 高温合金粉末的流动性的影响,由图可见,相同筛分级粉末,随着制备的电极棒转速的增加,粉末的流动性变差。粉末的流动性与粉末的粒度有一定的关系,粉末粒度越小,流动性越差。随着电极棒转速增大,粉末粒径减小,粉末的流动性随之下降。金属粉末的流动性是影响粉末床打印金属部件质量的重要因素,目前对 3D 打印用粉末流动性的研究较少。粉末的性能,如球形度、流动性的好坏直接影响最终打印件质量。

4.电极棒转速对粉末松装密度的影响

图 4-7 为不同电极棒转速对粉末松装密度的影响,由图可见,随着电极棒转速提高,松装密度增大。粉末的松装密度随着粉末尺寸的减小、颗粒非球状系数的增大以及表面粗糙度的增加而减小。但是,粉末粒径分布对松装密度的影响不是单一的,而是由颗粒填充空隙和架桥两种作用共同决定。随着转速的增加,粉末粒度减少,小颗粒填充到大颗粒之间

空隙数量增加,导致粉末松装密度增加。

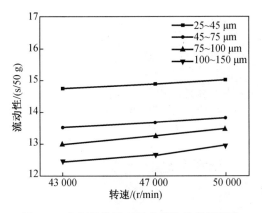

图 4-6　电极棒转速对粉末球流动性的影响

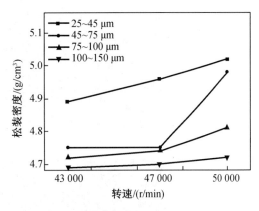

图 4-7　电极棒转速对粉末松装密度的影响

5. 电极棒转速对粉末振实密度的影响

不同电极棒转速下对粉末振实密度的影响如图 4-8 所示。转速越高粉末振实密度越小。当转速提高、粉末粒度减小时,其比表面积增大,粉末间的摩擦力也增大,同时由于粉末间的静电作用,使孔隙率增大,振实密度减小。

6. 电极棒转速对粉末氧含量的影响

图 4-9 为不同电极棒转速下制得粉末的氧含量变化趋势,由图可见,随着电极棒转速的提高,粉末氧含量呈上升趋势。电极棒转速的提高制得粉末的细粉含量增加,细粉的氧含量要高于粗粉。这是由于细粉的比表面积较大,对气体的物理吸附能力也就越高。

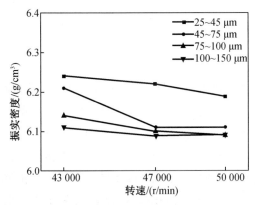

图 4-8　电极棒转速对粉末振实密度的影响

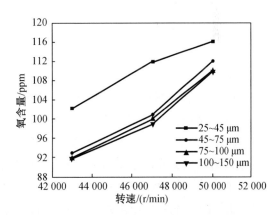

图 4-9　电极棒转速对粉末氧含量的影响

7. 电极棒转速对粉末形貌的影响

图 4-10 为不同电极转速制备出的粉末形貌照片,由图可见,PREP 制备的高温合金粉末成球形,随着电极棒转速提高,粉末粒度降低;低转速下制备的粉末中含有部分椭球形颗粒,随着电极棒转速提高,椭球形粉末数量逐渐降低,粉末表面越加光滑;对单一球形颗粒进行放大观察可见其表面存在大量的胞状晶和柱状晶及少量的树枝晶。且树枝晶主要存在于大颗粒粉末中,而胞状晶和柱状晶主要存在于小颗粒中。这些不同的粉末凝固的显微

组织与固液界面的温度梯度、固液界面的凝固速率、冷却速率密切相关。

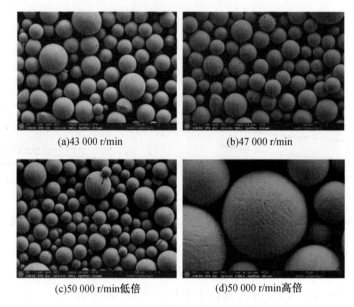

(a)43 000 r/min   (b)47 000 r/min

(c)50 000 r/min低倍   (d)50 000 r/min高倍

图4-10　电极棒转速对粉末形貌的影响

粉末的球形度与雾化过程中液滴的凝固时间及球化时间有关,若凝固时间大于球化时间,则粉末的球形度较高,反之,球形度低。另外,不同粒度粉末的表面形貌存在差异的主要原因是PREP制粉过程中大小液滴的冷却速率不同。在PREP制粉过程中,液滴的温度变化大概分四个阶段:

(1)液相冷却,直到温度降至液相线;

(2)形核与再辉;

(3)凝固与相变;

(4)固态冷却。

在温度变化过程中,大小液滴由于热传递系数等因素的不同,凝固的快慢也不同,致使最终形成的粉末性能产生差异。在制粉过程中,液滴冷却速率远高于传统凝固过程中的冷却速率($<10^2$ K/s)。随着粉末粒度的不断减小,平均冷却速率不断增大。由于在冷却过程中,小液滴的热交换速率快,优先进行再辉过程,最终使得平均冷却速率大于大液滴。因此,小液滴的冷却速率快,晶粒来不及继续长大便已凝固,并且凝固组织较细小,而大液滴的冷却速率慢,晶粒可以继续长大形成胞状晶,且大液滴的体积较大,凝固过程中不断收缩,使得粉末表面较粗糙,影响其流动性。另外,PREP制粉过程中,液滴的冷却速率虽然很快,但凝固时间大于其球化时间,因此制备的粉末球形度高。

由图4-11粉末横截面形貌可见,粉末组织呈现多样性,包含放射性树枝晶、胞状晶和柱状晶多种不同组织形貌。放射性树枝晶的形核位置多为粉末颗粒的表面处,随后向粉末内部不同的方向生长。由于大颗粒粉末其冷却速率相对较低,吸收热量较多,散热缓慢,树枝晶枝臂得到了生长,存在较为发达的二次枝臂。很多学者认为,柱状晶可能是胞状晶生长的纵向观察得到的,或者是树枝晶的枝干和未生长的二次枝臂获得的。

4.1.2　等离子体弧电流强度对粉末性能的影响

1. 等离子体弧电流对粉末粒径的影响

等离子电弧的电流强度变化基本上反映了等离子枪输出功率的变化。随着电流的增大,高温合金粉末的粒度分布随之增大,同时提高电流会造成等离子枪的输出功率增大,能量过高会造成低熔点元素的烧蚀,降低粉末的球形度。图 4-12 为 800 A 和 850 A 的电流强度下对粉末粒度分布的影响,由图中可知,当电流强度为 800 A 时,所得的 GH3536 粉末粒度范围较窄,且细粉较 850 A 下少。

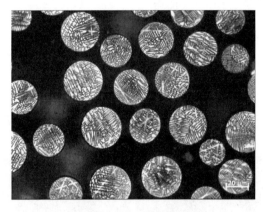

图 4-11　粉末横截面形貌

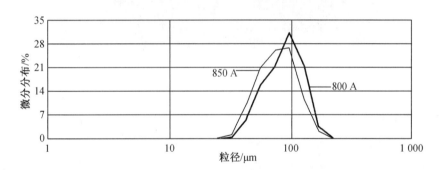

图 4-12　电流强度对粉末粒度分布的影响

2. 等离子体弧电流对粉末物理性能的影响

表 4-2 为不同电流强度下粉末的流动性、松装密度以及振实密度的情况。从表可见,随着电流强度增加,粉末的粒径降低、松装密度增大、流动性明显下降。

表 4-2　不同电流强度下粉末的物理性能

电流强度/A	流动性/(s/50g)	松装密度/(g/cm³)	振实密度/(g/cm³)
800	13.82	4.94	6.11
850	14.7	4.98	6.58

3. 等离子体弧电流对粉末球形度的影响

通过图 4-13 和图 4-14 可见,随着电流强度提高,球形度没有明显的变化,只有小的波动,可以控制在 93% 以上。粉末的球形度和流动性的好坏直接影响打印金属部件的质量,因此控制好打印用粉末的流动性和球形度是很有必要的。

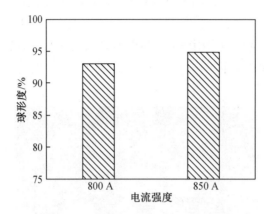

图 4-13　电流强度对粉末球形度的影响

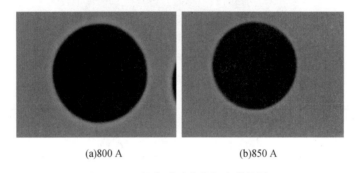

(a)800 A　　　　　　　　(b)850 A

图 4-14　粉末球形度分析光学投影

4. 等离子体弧电流对粉末形貌的影响

图 4-15 为采用不同等离子体电流强度制备的 GH3536 粉末形貌,由图可见,随着电流强度增加粉末中细粉含量提高,粉末表面更加光滑。图 4-16 为 GH3536 粉末横截面元素分布情况,由图可见采用高转速 PREP 法制备的 GH3536 粉末为实心球形粉,其主要合金元素 Fe、Ni、C、Mo、Co 和 W 在粉末内部分布均匀,不存在元素偏聚现象。同时从图 4-14 中可以看出,粉末横截面的显微组织多呈树枝晶及胞状晶两种组织。粉末边缘处的组织比中心区域的组织细小。当冷却速率较慢时,凝固组织为树枝晶。在液滴凝固过程中,边缘总是先于内部进行,冷却速率较快,因而边缘处的组织比中心区域的细小。

对各元素含量进行定量分析,结果见表 4-3。由其中数据可见,PREP 法制备的高温合金粉末合金元素含量符合相应牌号标准要求,粉末制备过程中不存在元素损失现象。

(a)800 A   (b)850 A

图 4-15 等离子体弧电流对粉末形貌的影响

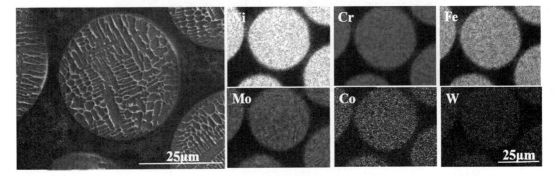

图 4-16 GH3536 粉末横截面元素分布情况

表 4-3 GH3536 粉末合金元素含量情况

元素	线类型	表观浓度	k 比值	质量分数/%	质量分数/%Sigma	原子百分数/%
Cr	K 线系	29.56	0.295 64	22.87	0.07	25.60
Fe	K 线系	24.56	0.245 64	19.33	0.07	20.14
Co	K 线系	2.00	0.019 99	1.70	0.05	1.67
Ni	K 线系	58.66	0.586 58	48.80	0.10	48.35
Mo	L 线系	5.27	0.052 74	6.65	0.08	4.03
W	M 线系	0.42	0.004 18	0.66	0.06	0.21

4.1.3 合金种类对粉末组织性能的影响

对于不同成分的原始合金棒料采用相同的制备工艺制备的粉末其组织性能会有明显差异,本节讨论合金种类对于高温合金粉末组织性能的影响。

1. 合金种类对粉末组织影响

图 4-17 为采用 PREP 法制备的 GH3536 和 GH4169 粉末形貌照片,由低倍照片图可见,粉末呈均匀球形,相比 GH3536 高倍粉末,GH4169 高倍粉末由于含有合金元素不同,球形粉末表面更加光滑。

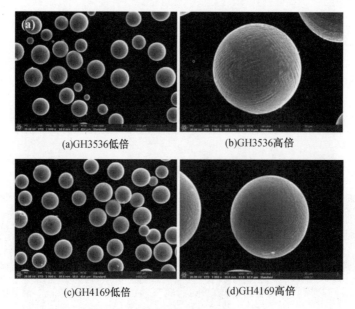

(a)GH3536低倍　　　　　　　　　(b)GH3536高倍

(c)GH4169低倍　　　　　　　　　(d)GH4169高倍

图 4-17　合金种类对粉末形貌的影响

由图 4-18 中 GH4169 粉末横截面扫描照片可见,GH4169 粉末为实心球体,内部没有气孔缺陷,各种合金元素均匀分布于粉末内部,不存在合金偏聚现象。对各元素含量进行定量分析,结果见表 4-4,由其中数据可见,PREP 制备的高温合金粉末合金元素含量符合相应牌号标准要求,粉末制备过程中不存在元素损失现象。

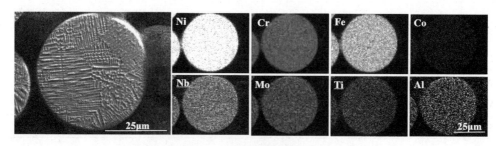

图 4-18　GH4169 粉末横截面元素分布情况

表 4-4　GH4169 粉末合金元素含量情况

元素	线类型	表观浓度	k 比值	质量分数/%	质量分数/% Sigma	原子百分数/%
Al	K 线系	0.28	0.002 55	0.67	0.03	1.43
Ti	K 线系	1.21	0.012 12	1.07	0.02	1.30
Cr	K 线系	23.33	0.233 28	19.51	0.06	21.74
Fe	K 线系	22.01	0.220 12	18.63	0.07	19.19
Co	K 线系	0	0	0	0.04	0
Ni	K 线系	58.30	0.583 00	51.99	0.11	51.31
Nb	L 线系	4.64	0.046 41	6.16	0.08	3.84
Mo	L 线系	1.46	0.014 56	1.97	0.08	1.19

2. 合金种类对粉末粒度粒形的影响

图 4-19 和图 4-20 分别为不同高温合金粒度分布及粒径大小,由图 4-19 可见,在相同 PREP 制备条件下,电极棒料在等离子体弧加热下熔化、并受电极高速旋转所提供离心力作用下飞出,并急速冷却凝固,在表面张力作用下形成球形粉末。由图 4-20 可见,由于 GH4169 合金的密度(8.24 g/cm³)低于 GH3536 合金密度(8.31 g/cm³),因此其液滴尺寸要更大,导致制得的 GH3536 粉末粒径要大于 GH4169 粉末。

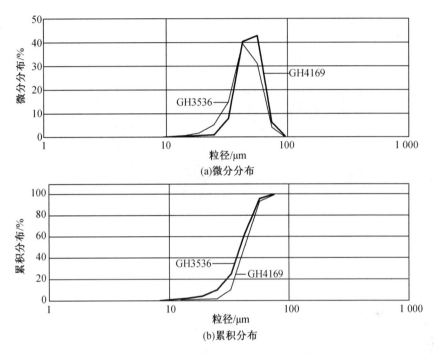

图 4-19　合金种类对粉末粒度分布的影响

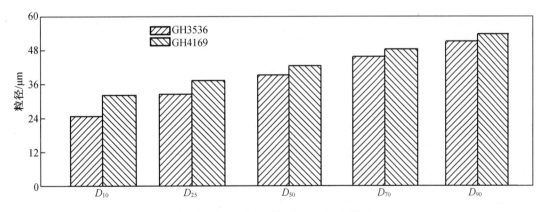

图 4-20　合金种类对粉末粒径的影响

图 4-21 为合金种类对粉末球形度的影响,图 4-22 为粉末球形度分析过程中粉末光学投影。由图可见,高温合金粉末球形度在 93% 以上,同时粉末粒度越小球形度越高,GH3536 粉末球形度高于 GH4169 粉末球形度。

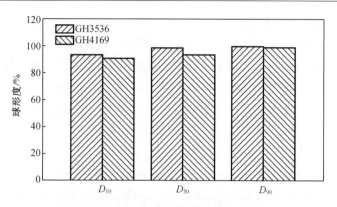

图4-21　合金种类对粉末球形度的影响

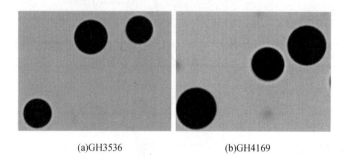

(a)GH3536　　　　　　　　　(b)GH4169

图4-22　粉末球形度分析过程中粉末光学投影

2. 合金种类对粉末氧氮含量的影响

表4-5为采用PREP制备的高温合金粉末氧氮含量情况,可以发现高温合金粉末具有极低的氧氮含量,这与其含有大量耐氧化合金元素有关。同时GH4169粉末的氧氮含量更低,这是因为相同制备技术下,GH4169粉末粒径较大,比表面积小,因此吸附的氧氮等元素量低。

表4-5　不同合金粉末氧氮含量

合金牌号	O 含量/ppm	N 含量/ppm
GH3536	160	41
GH4169	100	33

4. 合金种类对粉末性能的影响

由表4-6不同合金粉末性能可见,采用PREP制备的高温合金粉末具有极好的综合性能,能够满足增材制造使用要求。

表4-6　不同合金粉末性能

合金牌号	粒度/μm	球形度/%	流动性/(s/50g)	松装密度/(g/cm³)
GH3536	38.5	93.1	11	5.00
GH4169	40.3	93.3	11	4.98

4.1.4　高温合金粉末夹杂物分析

采用光学透射显微镜法对颗粒形态和规格进行分析,随机抽取粉末样品 500 g,使用 Olympus CX31 设备(明场模式)Infinity1-5 快速成像系统对影像进行捕捉,用 Imagescope M 对影像进行处理,结果如图 4-23 所示。由图可见,等离子体旋转电极法制备的 GH3536 和 GH4169 高温合金粉末中,没有夹杂物,具有很高的纯度。

(a)GH3536区域1未夹杂　　　　(b)GH3536区域2未夹杂

(c)GH4169区域1未夹杂　　　　(d)GH4169区域2未夹杂

图 4-23　粉末夹杂物分析

4.2　热等离子体球化法制备高温合金粉末

热等离子体技术是近年来发展起来的一门新技术,由于它具有无电极污染、弧区大、温度相对均匀、能提供纯净热源、工质不受限制、工艺过程简单等特点,尤其在高熔点粉末球化方面展现出独特的优势。热等离子体球化粉末颗粒的原理是利用热等离子体高温热效应,将送入到热等离子体中的形状不规则的粉末熔融,形成熔滴。再通过快速冷却,使熔滴因表面张力而急速收缩形成球形度极佳的球状粉末。这种经过等离子体球化后的粉末在表面光洁度、流动性、松装密度及振实密度等方面均有显著提高。由于气雾化方法制备制备的粉末球形度差,并含有气孔以及卫星粉等缺陷,难以满足增材制造的使用要求。因此,本节继续采用热等离子体技术制备对气雾化法制备的不规则高温合金粉末进行整形处理。

在等离子体球化处理后粉末中含有部分亚微米级颗粒,会对球化粉末的性能产生影响。同时由于前处理筛分不完全,或是球化过程中等离子体束工作状态的影响,都会对球化粉末产生一定的影响。因此在球化处理后,我们对球化粉末进行后续筛分处理,并研究后处理对粉末性能的影响,处理方法如下。

第一步:将不同筛分级原始粉末进行球化处理后,从样品收集器中取出,并在惰性气体保护下进行筛分,筛网与初始筛分时所用筛网参数相同,去除较大颗粒。

第二步:对筛分后的球化粉末,进行去除亚微米颗粒的操作。将球化筛分后的粉末放入无水乙醇中,采用超声震荡形成悬浊液。分离含有亚微米颗粒的悬浊液后,将样品在50℃的真空干燥箱中进行随后的干燥处理。在工业条件下该过程需要在惰性环境中的密闭容器中进行。

4.2.1 球化处理对高温合金粉末组织性能影响

1. 球化前后的粒度分析

将气雾化法制备后筛分出来球形度低的高温合金粉末,进行筛分,筛网目数分别为600目、325目、200目和100目,为了提高原始粉末的利用率,选择筛分级为 −200~+325 目。图4-24 为球化前后粉末粒度的分析图,由图中可以看出,球化后粒度变小,粒度分布更窄,颗粒大小更加均匀一致。

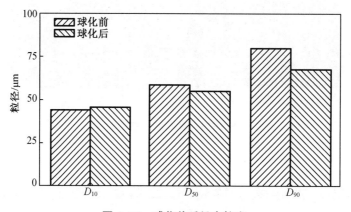

图 4-24　球化前后粉末粒度

2. 球化前后粉末球形度分析

图4-25 为合金粉末球化处理前后的球形度分析光学投影照片,由图片进行数据分析可见,球化处理前高温合金 GH3536 粉末的球形度很低,球形度为 50%~88%,且范围较宽,但是经过等离子体球化处理后,粉末几乎全部为球形,球形度明显增加,可以达到约98%,球化效果明显。

3. 球化前后的形貌分析

图4-26 为合金粉末球化处理前后形貌的照片,由图可见,球化前粉末中含有很多卫星粉,在较粗粉末上黏附有较细小的粉末,粉末形态为非球形。球化后粉末基本呈现为球形,表面光滑,无卫星粉黏附。等离子体球化后的粉末颗粒显微组织主要包括胞状晶、柱状晶及少量的微晶。

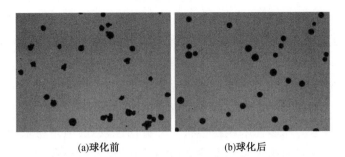

(a)球化前　　　　　　　　(b)球化后

图 4-25　合金粉末球化处理前后的球形度分析光学投影照片

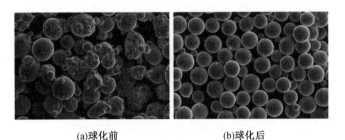

(a)球化前　　　　　　　　(b)球化后

图 4-26　合金粉末球化处理前后形貌

如图 4-27 所示,球化处理后粉末横截面形貌可以看出粉末的内部致密且无空心缺陷。原料粉末在等离子体火焰经历颗粒的固相加热、颗粒熔化、液滴液相加热、颗粒表面蒸发四个阶段,熔化成金属液滴或者金属蒸汽,离开等离子体火焰后,在不同的冷却速率及飞行时间中凝固成球形粉末。大颗粒原料熔化形成的金属液滴在凝固所释放的结晶潜热,无法完全从粉末颗粒表面传出,使得固液界面的温度进一步升高,造成已凝固晶体发生部分重熔现象,形成新的晶胚。由于热流方向和散热方向一定,区别于 PREP 制粉凝固过冲个,胞状晶和柱状晶的横向生长受到限制,二次枝晶难以出现。小粒径原料粉末,其热量损失较小,受等离子体加热熔化后,又快速凝固,其冷速和过冷度均较大,而且晶胚所需形核功远远小于大颗粒,因此形核率较高,具有较高的固液界面移动速率,在极短的时间内凝固成球形粉末,甚至出现微晶显微组织形态。等离子体球化过程中,如果粉末颗粒没有完全熔化,金属液滴的形核将依附于粉末颗粒未熔化部分非均匀形核。

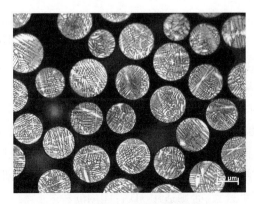

图 4-27　球化处理后粉末横截面

4. 球化前后的粉末性能分析

选择球化前的粉末颗粒,球化后的粉末颗粒,乙醇清洗后的粉末粉末颗粒作为测试样品,各取一定量的不同种类的粉末颗粒分成三组,每次在测试前对试样袋中摇匀取样,用电子天平称取 50 g 进行流动性试验,每一组重复 5 次,取其算术平均值,测试结果如表4-7所示。结果分析可见,不规则粉末颗粒由于其形状不一,在流动过程中粉末颗粒之间的阻力较大,导致流动性较差。球形粉末颗粒形状单一流动性较好,但是粉末颗粒表面的亚微米级粉末颗粒较多,颗粒之间相互运动摩擦力增加,同时较多的小颗粒粉末也是影响粉末流动性的一个重要因素。清洗之后球形粉末的颗粒表面光滑,粉末颗粒之间摩擦力较小,易于流动。不规则粉末颗粒堆积过程中存在较大的粉末颗粒间隙,形成的有棱角的间隙,小颗粒粉末无法填充,形成较大孔隙率,松装密度较小。球化后未处理的粉末表面存在许多的小颗粒粉末,粒度分布范围较宽,松装密度较大。粉末的松装密度和振实密度对增材制造成形件致密度有很大的影响,因此对粉末颗粒松装密度和振实密度要严格控制。

表4-7 GH3536高温合金粉末性能分析

物理性能	球化前	球化后	清洗后
流动性/(s/50g)	31.2	26.8	17.6
松装密度/(g/cm³)	4.00	4.12	4.26
振实密度/(g/cm³)	4.86	5.11	5.26
氧含量/ppm	155	165	101

4.2.2 等离子体球化发生器功率对球化程度的影响

1. 等离子体球化发生器功率对粉末球形度的影响

图4-28为不同等离子体发生器功率处理的粉末球化程度。由图可见,随着等离子体发生器功率提高,有更多的不规则粉末被球化,变成规则的球形颗粒。其中,对于筛分级−200目~+325目的高温合金粉末,等离子体发生器功率从19~28 kW的变化会导致球化等级从96%~99%的持续增加。

图4-29为不同等离子体球化发生器功率球化处理粉末的形貌照片,可以看出,处理后的粉末球形度很好,功率为19 kW的时候球形颗粒形状大小略有不同,随着功率的提高,球形颗粒粒径平均且相应变小。

2. 等离子体球化发生器功率对粉末粒度的影响

图4-30为不同等离子体发生器功率处理的粉末粒径分布曲线。由图可见,提高等离子体发生器功率会使粒度分布曲线向左移动,说明粉末的粒度有所减小。随着功率的提高,粉末的分布曲线变窄,说明粉末的粒度更加均匀,处理效果更好。但是当功率达到28.3 kW时,曲线出现双峰,说明粉末中粒径小于 10 μm 的颗粒比重增加,并出现较多的亚微米级粉末,所以功率不可过大,否则适用3D打印用的粉末收粉率会相应下降。

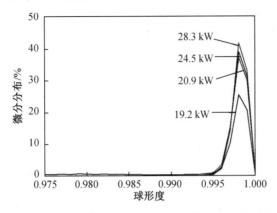

图 4-28　等离子体球化发生器功率对粉末球形度的影响

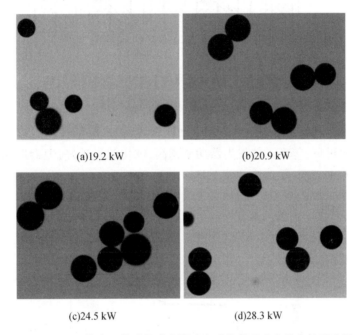

(a)19.2 kW　　　　　　　　　(b)20.9 kW

(c)24.5 kW　　　　　　　　　(d)28.3 kW

图 4-29　不同等离子体球化发生器功率球化处理功率粉末粒形分析

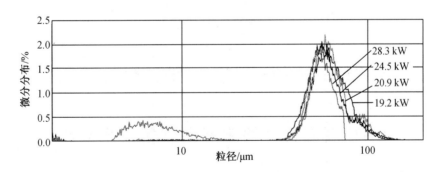

图 4-30　等离子体球化发生器功率对粉末粒径分布的影响

3. 等离子体球化发生器功率对粉末氧氮含量的影响

图 4-31 为初始合金粉末及经过筛分前处理后,球化粉末的氧含量分析结果,由图可见,初始粉末中氧含量维持在 150 ppm 的水平上;球化处理后可以降低粉末的氧含量,但是

在球化处理功率达到 28.3 kW 后,由于粉末中含有较多的亚微米颗粒,会导致球化粉末的氧含量升高。粉末中的氮含量在球化后有所降低,但是变化不是很明显。这是因为高温合金对氮元素不敏感所致。

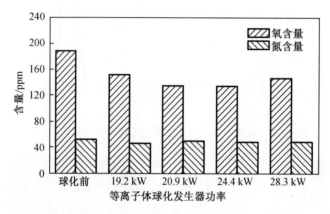

图 4-31　等离子体球化发生器功率对粉末氧氮含量的影响

4. 等离子球化发生器功率对粉末流动性的影响

图 4-32 是等离子体球化发生器功率球化处理后,粉末流动性随着等离子体发生器功率变化情况。由图可见,等离子体发生器功率越高,球化效果越好,但会形成更多的亚微米颗粒吸附于球形粉末表面,导致流动性变差。

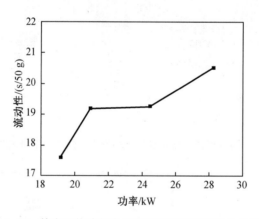

图 4-32　等离子体球化发生器功率对粉末流动性的影响

4.3　高温合金粉末不同制备技术对比

表 4-8 列举了目前常用技术制备出的高温合金粉末的基本性能及生产成本等指标。由表中数据可见,旋转电极法和热等离子体球化法制备的粉末性能优于传统的气雾化方法,可以满足金属 3D 打印的使用要求。表 4-9 对比了自制粉末与国内外同类产品的性能指标,可见自制粉末的性能远超同类产品。

表 4-8 不同制粉技术对高温合金粉末性能的影响

	惰性气体雾化法	等离子体旋转电极法	热等离子体球化法
生产效率	高	高	一般
成本	低	高	高
收率/%	80~90	>95	>95
球形度/%	<91	>93	>95
粒度分布/μm	0~150	15~100	10~60
氧含量/ppm	>150	<100	<110
颗粒形貌			

表 4-9 自制等离子体旋转电极粉末与市售气雾化粉末性能对比

厂家	制粉技术	粒度(D_{50})/μm	流动性/(s/50 g)	松装密度/(g/cm^3)	氧含量/ppm	氮含量/ppm
自制	PREP	43.71	13.52	4.78	93	47
顶立科技		32.5	22	4.86	116	67
上海材料研究所	气雾化法	28.98	16	4.52	108	88
中国航发		30.0	19	4.38	121	93
普莱克斯		42.5	15	4.62	111	69
东北特钢		33	40	3.98	121	76

4.4 高温合金构件选择性激光熔化成形技术研究

国内外学者就 SLM 成形技术对 GH3536 合金微观组织及力学性能的影响开展了相关研究。研究发现,SLM 成形技术参数将影响金属粉末快速熔化-凝固过程,从而使微晶熔池内产生较大残余应力,这是导致材料产生微裂纹的主要原因。同时,GH3536 合金中 $M_{23}C_6$ 相会在奥氏体基体中的三角形晶界处析出,从而降低微晶晶界结合力,并且在残余应力的作用下,产生应力集中进而导致裂纹的萌生,从而使微裂纹的开裂源位于熔池内部。SLM 成形的体能量密度会直接影响合金的致密度和表面质量。当体能量密度较小时,相邻扫描线之间存在大量未熔化粉末,未熔粉末脱落后形成孔隙。随着体能量密度的增加,扫面线之间的孔隙逐渐减少,但裂纹逐渐生成,表面光洁度降低。

随着体能量密度增加,材料抗拉强度从 725 MPa 降至 400 MPa,延伸率从 42% 降至 8%。此外,微裂纹同时具有热裂和冷裂特征,裂纹沿晶界扩展,由于晶界是后凝固区域,当液态金属补缩不足时,热裂纹容易在晶界处产生,同时晶界位置结合薄弱,在热应力作用下,裂纹容易沿晶界扩展,形成冷裂纹。Tomus 等研究了激光扫描速度以及 Si+Mn 含量对 SLM Hastelloy X 试样中孔隙和裂纹的影响。结果表明,孔隙形成在熔池之间,通过降低激光扫描速度可以减少孔隙的含量;微量元素如 Mn、Si、S 和 C 等含量的增加会降低 Hastelloy X 合金的结晶温度,促进裂纹的形成,并且引起晶界偏析,使晶界成为裂纹形核和扩展的薄弱位置,通过降低 Si+Mn 含量可以减少微裂纹的形核。在上述因素的共同作用下,合金的屈服强度由 310 MPa 增至 387 MPa。

同时,学者们还就热处理技术对 GH3536 合金微观组织及力学性能的影响开展了研究。薛珈琪等和郑寅岚等发现,热处理后 SLM 成形 GH3536 合金的基体组织主要为奥氏体,并伴有碳化物析出。碳化物的形态主要有两种:块状和链状。块状碳化物主要分布于基体和晶界处。基体中的碳化物通过阻碍位错运动,产生位错塞积;晶界处的块状碳化物可有效阻碍晶界运动,在二者共同作用下合金强度显著提高(屈服强度从 345 MPa 升至 400 MPa)。链状碳化物沿晶析出,使晶界成为弱化项,断裂机制以沿晶断裂为主,链状碳化物虽降低了合金强度,但可有效提高塑性(延伸率从 10% 升至 27%)。Tomus 等研究了热处理对 SLM 成形 Hastelloy X 合金室温拉伸性能以及金相组织各向异性的影响。孔隙、枝晶、熔池边界、柱状晶、碳化物和位错作为影响试样机械性能的主要因素进行分析。研究表明,热处理对屈服强度的提高,是通过亚晶界位错的重新排列引起的;热处理使试样内部枝晶和熔池边界消失,导致断后伸长率的提高。上述研究虽围绕 SLM 成形技术及热处理技术对 GH3536 合金微观组织及力学性能的影响做了很多工作,但 SLM 成形过程中合金微观组织演进规律及调控手段尚未阐明,同时微观组织对力学性能的影响规律也未得到深入剖析。此外,在航空航天领域应用背景下,GH3536 合金的导热、热膨胀等热物理性能十分重要,但还未见报导。

综上所述,本节以自制球形 GH3536 粉末为原料,利用 SLM 法制备 GH3536 合金构件,研究 GH3536 粉末性能、SLM 法技术参数及热处理技术对 GH3536 合金构件微观组织、力学及热物理性能的作用机理,进而优化制备技术并对 GH3536 粉末原料制备提出指导意见;揭示 GH3536 合金微观组织在 SLM 成形及热处理过程中的微观组织形成和演化规律,为实现其微观组织调控提供有力理论支撑;明确微观组织(特别是析出相及界面等因素)对 GH3536 合金力学性能和热物理性能的作用机理,为制备性能优良的 GH3536 合金构件奠定坚实的理论和实践基础。

4.4.1 基于体能量密度的成形技术研究

1.上表面微观形貌分析

SLM 成形不同体能量密度试样如图 4-33 所示,试样长宽高为 35 mm×25 mm×7 mm。X 为长度方向,Y 为宽度方向,Z 为高度方向。使用电火花线切割机床将试样从基板上切割下来,使用扫描电镜观察试样上表面微观形貌。

(a)长方体试件   (b)正方体和圆片试件

图 4-33   SLM 打印 GH3536 试件

图 4-34 为 SLM 成形试样上表面典型 SEM 形貌,从图中可以看出,体能量密度为 83.3 J/mm^3 时,相邻扫描线之间存在少量未熔化分粉末,未熔粉末脱落后形成孔隙,相邻扫描线之间没有实现冶金结合,同一扫描线存在熔池的间断。

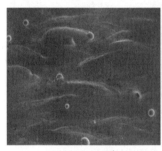 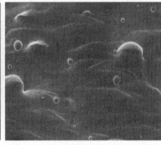 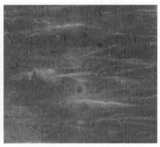

(a)83.3 J/mm^3 (b)92.6 J/mm^3 (c)112.8 J/mm^3

图 4-34   SLM 成形试样上表面 SEM 形貌

随着体能量密度的增加,扫面线之间的孔隙逐渐减少,当体能量密度增加到 92.6 J/mm^3 时,相邻扫描线充分搭接,孔隙消失。同时由于体能量密度较低,粉末熔化形成的金属液相对较少,金属液凝固收缩导致沿垂直扫描线方向存在明显的高低起伏。体能量密度的大于等于 92.6 J/mm^3 时,试样中开始出现裂纹缺陷,微裂纹垂直扫描线方向,跨越相邻 2 条扫描线。体能量密度为 112.8 J/mm^3 时,由于粉末熔化形成的液态金属相对较多,试样表面平整,沿垂直扫描线方向不存在明显的高低起伏。

2. 孔隙和微裂纹分析

将打印样品进行镶嵌,使用金相预磨机打磨 *YOZ* 面,然后从粗到细使用不同目数的金相砂纸进行磨平,使用 2.5 μm 金刚石喷雾抛光剂进行抛光,然后在光学显微镜下观察 *YOZ* 面试样内部的孔隙和微裂纹分布。图 4-35 为 SLM 成形试样纵截面形貌随激光体能量密度的变化,从图中可以看出体能量密度为 86.3~96.3 J/mm^3 时,试样内部扫描线之间存在未熔合区域形成的孔隙,且随着体能量密度的增大,内部孔隙逐渐减少并消失。体能量密度为 96.3~112.5 J/mm^3,试样内部开始出现微裂纹,微裂纹数量随着体能量密度的增大而增加。体能量密度为 112.5 J/mm^3 时,试样内部不存在孔洞,微裂纹数量最多。

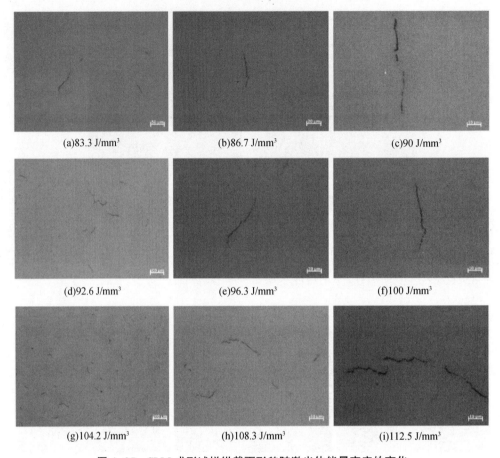

图 4-35　SLM 成形试样纵截面形貌随激光体能量密度的变化

　　图 4-36 为试样内部裂纹数量随体能量密度的变化曲线。整体上,随着体能量的密度增加,试样中微裂纹数量逐渐增加。体能量密度低时,粉末床输入能量低,存在大量未被熔化的金属粉末,粉末脱落后形成孔隙。随着体能量密度的增加,未熔粉末减少,孔隙减少,直至消失。同时随着体能量密度的增加,金属熔池温度升高,温度梯度增加,不同区域的热胀冷缩及其不均匀性增加,导致微裂纹随着体能量密度的增加而增加。

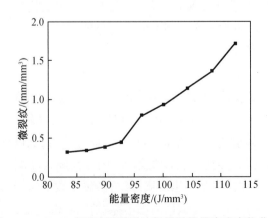

图 4-36　SLM 成形试样微裂纹数量随能量密度变化曲线

3. 致密度分析

使用排水法测量其密度,除以 GH3536 热轧棒材密度作为其致密度值。通过查表可知, GH3536 合金热轧棒材密度为 8.30 g/cm³。图 4-37 为 SLM 成形 GH3536 合金密度随能量密度(VED)变化曲线。SLM 成形 GH3536 合金试样内部孔隙和微裂纹等缺陷的存在会降低试样的密度。随着能量密度的增加,SLM 成形试样密度整体呈现先增加后下降的趋势,当能量密度增加到 104.2 J/mm³ 时,试样密度达到最大值 8.22 g/cm³,对比热轧棒材密度,其致密度为 99%。随着能量密度的继续增加,试样密度下降,并稳定在 8.2 g/cm³ 附近。

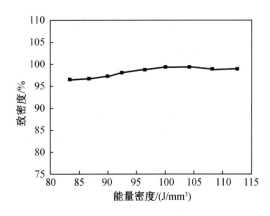

图 4-37　SLM 成形 GH3536 致密度随能量密度变化曲线

4. 维氏硬度分析

在抛光处理后的 *YOZ* 面进行维氏硬度测试,测试过程中按照维氏硬度测试标准保证相邻压痕以及压痕与试样边缘之间的距离。图 4-38 为 SLM 成形试样维氏硬度随能量密度的变化曲线,从图中可以看出随着能量密度的增加,试样维氏硬度逐渐增加,当能量密度为 96.3 J/mm³ 时,维氏硬度为 237 HV,随着能量密度的继续增加,维氏硬度趋于稳定,约 242 HV。维氏硬度表征材料抵抗局部塑性变形的能力,当试样内部存在孔隙时,孔隙在外界压力作用下塌陷,降低了材料的维氏硬度值,随着孔隙数量的减少及消失,维氏硬度值逐渐增加为维持稳定,微裂纹的存在对维氏硬度没有明显的影响。

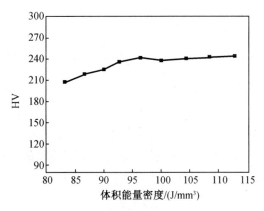

图 4-38　SLM 成形试样维氏硬度随能量密度变化曲线

5. 热膨胀系数分析

热膨胀系数是表征材料受热时长度或体积变化程度的参量,它是高温材料重要热物理性能之一。热膨胀系数分为线膨胀系数和体膨胀系数,本书研究的是金属材料的线膨胀系数。对于匀质金属材料而言,原子排列十分规则,形成了晶体的点阵结构。每个原子与其周围的原子有相互作用力,并且在这个力的支配下绕平衡位置振动。温度一定时,原子虽然振动,但它的平均位置不变,故物体的长度或体积没有变化。但这种振动不是间歇的,随着温度升高,原子振动的振幅增大,原子间的平均距离发生变化,从而使宏观长度或体积发生变化;若原子向外振动的距离大于向内振动,则随着温度升高,原子动能增大,振动激烈,原子间的平均距离不断增大,形成了宏观长度或体积的热膨胀现象。

分别对不同体能量密度的 GH3536 试样进行热膨胀测试,其结果如图 4-39 所示。图 4-39(a)(b)分别为 0~500 ℃ 温度 GH3536 合金的样品伸长率和瞬时热膨胀系数曲线。由图 4-39(a)可知,GH3536 合金的伸长率随温度的升高呈线性增长,且随着体能量密度的增加,曲线斜率变化不明显。这主要由于随着体能量密度的增加,GH3536 合金的致密度相差不大。因此,当温度升高时,曲线斜率虽有变化但并不明显。由图 4-39(b)可知,GH3536 合金的热膨胀系数随温度的变化曲线表现出相同的变化趋势,当温度为 0~90 ℃ 时,热膨胀系数随温度的升高波动变化,并在温度为 45 ℃ 和 80 ℃ 附近出现两个明显的下降峰;当温度为 90~500 ℃ 时,GH3536 合金的热膨胀系数基本保持不变,稳定在 14.7×10^{-6} K^{-1},GH3536 合金表现出良好的热膨胀行为稳定性。

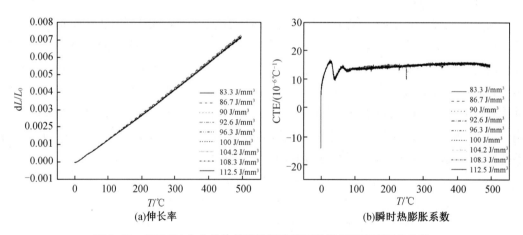

图 4-39　GH3536 合金热伸长率及热膨胀系数随能量密度变化曲线

根据《金属材料热膨胀特性参数测量方法》(GB 4339-84),"线性热膨胀"指的是与温度变化相应的样品单位长度上的变化,以 $\Delta L/L_0$ 表示。其中,ΔL 是观察到的长度变化,L_0 是在基准温度 t_0(一般规定为 20 ℃)下的样品长度。"线性热膨胀"的大小通过"线膨胀系数"来衡量。线膨胀系数包括"平均线膨胀系数"和"瞬间线膨胀系数",本书研究的是"平均线膨胀系数"。特别地,在温度 t_1 和 t_2 之间的平均线膨胀系数 α_{t_1,t_2} 定义为

$$\alpha_{t_1,t_2} = \frac{L_2 - L_1}{L_0 \cdot (t_2 - t_1)} = \frac{\Delta L}{L_0 \cdot \Delta t} \tag{4-1}$$

式中　L_1，L_2——温度 t_1 和 t_2 下的样品长度。

因此，平均线膨胀系数 at_1、t_2 是单位温度下的线性热膨胀，其单位是摄氏度分之一，即（1/℃），通常以（×10⁻⁶/℃）作为单位。在本书中，考虑 t_1 为 20 ℃，t_2 从 50 ℃ 开始并以 50 ℃ 为间隔一直延伸到 495 ℃。

图 4-40 对比不同能量密度打印的 GH4169 合金平均热膨胀系数，随着温度变化情况。由图可见随着温度升高，平均热膨胀系数呈上升趋势。

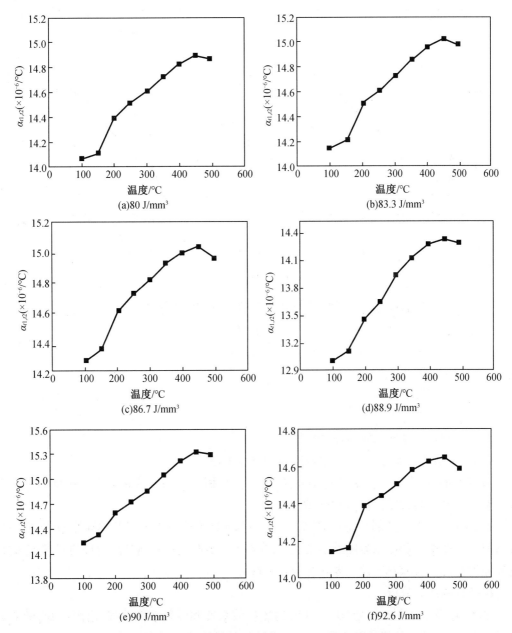

图 4-40　不同能量密度打印的 GH4169 平均热膨胀系数

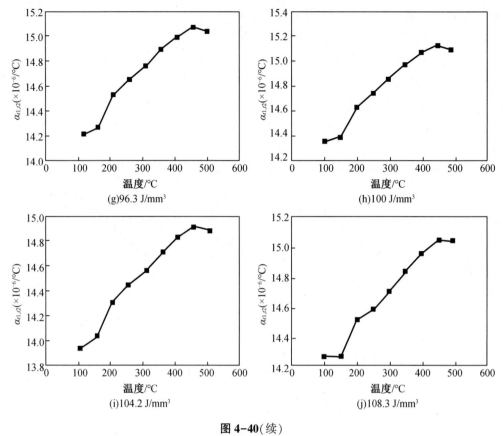

图 4-40（续）

格律而森根据晶格振动理论导了热膨胀系数与热容的关系式：

$$\alpha_\nu = \frac{\gamma \cdot C_\nu}{K_0 \cdot V} \qquad (4-2)$$

式中　α_ν——体膨胀系数；

　　　C_ν——定容热容；

　　　V——体积；

　　　K_0——绝对零度的体积弹性模量；

　　　γ——格律而森常数，对大多数固体而言在 1~3。

该定律指出，体膨胀系数与定容热容成正比，有相似的温度依赖关系。在低温下随温度升高而急剧升高，到高温则趋于平缓。

图 4-41 对比了相同打印技术条件下，制备的不同高温合金的平均热膨胀系数，由图可见，GH3536 合金热膨胀系数随着温度变化，在与 GH4169 具有相同升高趋势的同时，它的热膨胀系数略低于 GH4169，这主要其合金成分有关。

6. 热扩散系数分析

图 4-42 为 GH3536 合金 20~450 ℃ 的热扩散系数和导热系数曲线，由图可知，随着温度的升高，所有试样的热扩散系数和导热系数均呈波动上升趋势。当温度相同时，随着体能量密度的增加，GH3536 合金的热扩散系数和导热系数呈下降趋势。由图 4-35 可知，随着体能量密度的升高，GH3536 合金内部的裂纹逐渐增多，因此在热量传导的过程中，声子

传导受到阻碍,其平均自由程降低,导致热扩散率下降。

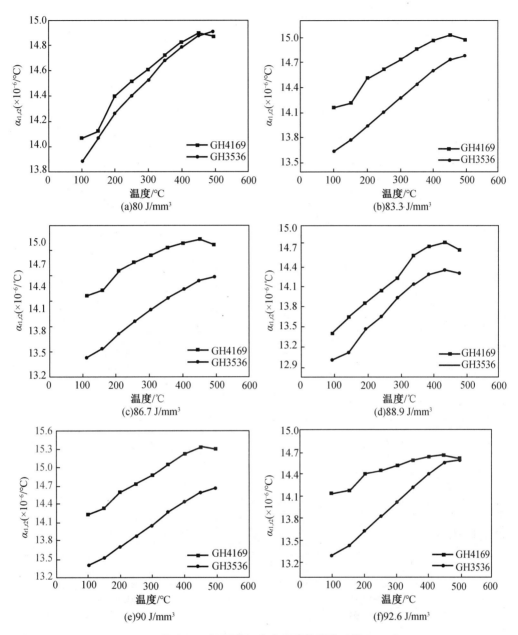

图 4-41 不同高温合金平均热膨胀系数

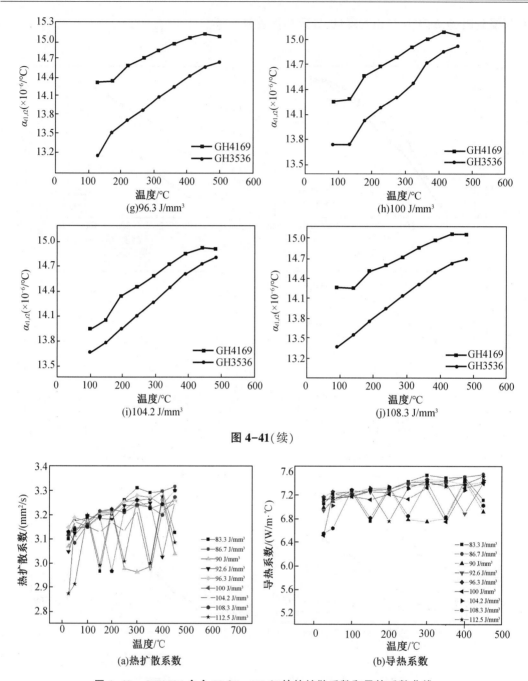

图 **4-41**（续）

图 **4-42** GH3536 合金 20 ℃~450 ℃的热扩散系数和导热系数曲线

4.4.2 SLM 成形高温合金显微组织及力学性能研究

SLM 零件由于快速凝固的特点，晶粒细小、取向复杂并存在特殊的冶金过程，其宏观力学性能有别于铸、锻等传统工艺成形的零件。从前文的研究分析可以看出，SLM 零件呈高强度、低塑性、疲劳性能差和各向异性的显著特征。目前国内外学者针对镍基高温合金 GH3536 的力学性能开展了研究。

美国田纳西州学者 Amato 利用 SLM 技术制造 GH3536 试样,研究发现 SLM 析出体心四方的 γ′ 和球形 γ″ 起到了强化作用,经过热等静压后,合金的力学性能与锻件相当。华中科技大学王泽敏研究了 GH3536 的 SLM 成形,未处理的、热处理的 $\sigma_{0.2}$ 分别为 900 MPa 和 1 100 MPa。合金室温、高温拉伸强度和塑性都达到了高强锻件标准。还有研究者指出残余应力、组织生长取向都会影响成形件的力学性能,但目前 SLM 成形件力学性能的影响机制尚未形成权威和统一的说法。不同材料的组织和性能演变规律不尽相同,受材料自身物理、化学特性的影响。

GH3536 是一种固溶强化的合金,主要依靠固溶强化后镍铬矩阵中的钼、铌成分将提高材料的机械性能,但塑性会有所降低。而 GH3536 合金主要以 γ′(Ni3Nb) 和 γ″[Ni3(Al,Ti,Nb)] 作为强化相,属于沉淀强化类型的镍基合金。该材料的特点是通过调整热处理技术参数,获得具有不同晶粒尺寸和不同性能水平的产品,满足发动机中不同零部件的性能要求,目前这种合金的使用量占镍基合金的 45% 以上。例如,在航天飞机的发动机中,有 1 500 种零部件采用 GH3536 合金制造;航空发动机中,占 CF6 发动机总质量 34%,CY2000 发动机总质量的 56%。因此,GH3536 是一种使用量和使用范围非常广泛的合金材料,研究其 SLM 成形态的力学性能具有非常显著的意义。

1. GH3536 合金相分析

GH3536 粉末、SLM 态和两种热处理状态下的 XRD 图谱如图 4-43 所示。高温合金粉末及成形态样品基体为 γ 相,但织构存在差异:粉末态最高强度衍射峰对应的角度为 43.5°,织构沿(111)方向生长;SLM 态最高强度衍射峰对应的角度为 50.6°,织构沿(200)方向生长。GH3536 合金是一种固溶强化 Ni-Cr-Fe 型的镍基高温合金,大量合金元素固溶在基体中。SLM 成形过程中,激光光斑快速移动,熔池尺寸小,因此凝固速度快,大部分原子固溶到合金基体中,同时非金属元素 C 也很难析出形成化合物。经热处理后,合金的组织和 SLM 态基本相同,都是 γ 相。其他金属间化合物和复杂碳化物相,在 SLM 和热处理下可以析出,但是由于含量低,颗粒尺寸相对较小,用 XRD 难以直接检测到。

2. GH3536 显微组织观察

SLM 成形 GH3536 合金经腐蚀后微观组织如图 4-44 所示。在激光扫描平面上[图 4-44(a)]可以明显看到彼此交叉的条状熔池,且熔化道呈连续分布。试样表面存在微裂纹,裂纹长度为 10~100 μm,主要分布于熔池内部[图 4-44(c)]。分析裂纹高倍显微组织[图 4-44(e)]可以看出裂纹主要源于晶界,这是由于该区域晶粒生长方向不一致,凝固收缩作用对未凝固的金属液产生不同方向的拉应力,致使液膜撕裂,产生凝固热裂纹。图 4-44(b)为沿成形方向的微观组织,熔池边界呈鱼鳞状分布,邻近熔池搭接良好。图 4-44(d)沿激光扫描方向上的高倍微观组织显示,熔池内部为垂直于熔池边界逆温度梯度方向生长的柱状晶。高倍显微组织[图 4-44(f)]可观察到垂直于熔池边界向熔池中心汇聚生长的细小柱状晶,晶间间距为 0.8~1.5 μm。SLM 成形试样特有的熔池结构对力学性能不利,在剪切应力的作用下裂纹易于在熔池中部萌发并扩展从而大大降低材料的塑性。

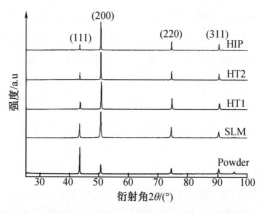

图 4-43　GH3536 打印件不同状态下 XRD 结果

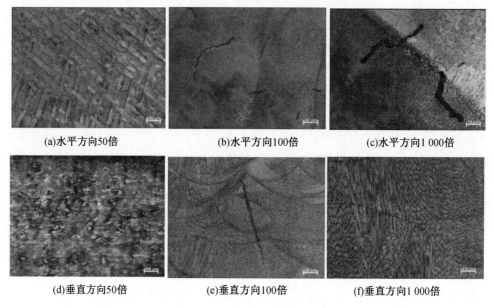

(a)水平方向50倍　　　　(b)水平方向100倍　　　　(c)水平方向1 000倍

(d)垂直方向50倍　　　　(e)垂直方向100倍　　　　(f)垂直方向1 000倍

图 4-44　SLM 成形 GH3536 显微组织

图 4-45 和图 4-46 为 SLM 成形 GH3536 在不同方向上合金元素分布情况,晶界是元素偏析最严重的区域,大量的 Mo、Cr 元素容易富集产生脆性相,在后续的快速冷却过程中,由于收缩作用产生的拉应力,极易应力集中产生裂纹。但是,裂纹究竟是在凝固过程中形成的,还是在后续固态相变冷却过程中形成的仍有待深入研究。

从图中可以看出 SLM 态组织中存在 C、Cr、Mo 偏析,Cr、Mo 偏析提高组织析出 Laves 相的倾向,进而提高了形成微裂纹的倾向。合金中各种合金元素含量如表 4-10 所示,由表中数据可见,SLM 成形材料的合金元素含量基本维持正常水平,没有发生元素损失。

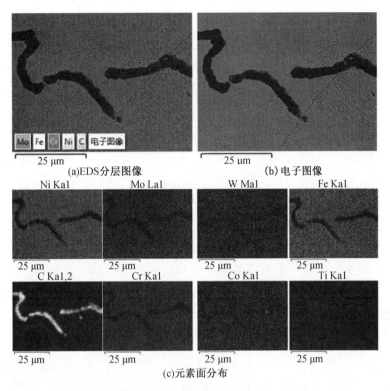

(a)EDS分层图像　　　　　　(b) 电子图像

(c)元素面分布

图 4-45　SLM 成形 GH3536 水平方向合金元素分布

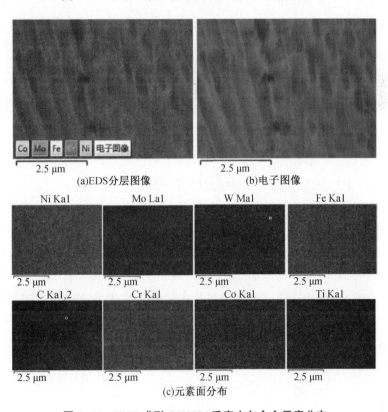

(a)EDS分层图像　　　　　　(b)电子图像

(c)元素面分布

图 4-46　SLM 成形 GH3536 垂直方向合金元素分布

表 4-10 合金元素

元素	C	Ti	Cr	Fe	Co	Ni	Mo	W	总量
质量分数/%	10.14	0	19.86	16.86	1.51	42.98	7.84	0.81	100
原子百分数%	35.60	0	16.10	12.73	1.08	30.87	3.45	0.19	100

为了进一步分析 SLM 态试样组织中元素偏析的情况,对 SLM 态进行了 TEM 分析观察。纳米尺度上的组织如图 4-47 所示,从 TEM 结果中可以看出,亚晶粒边界 Mo、Cr 元素富集,形成了元素正偏析,在材料服役过程中易形成片层状的有害相,同时对于 Mo、W、Cr 固溶强化型 GH3536,Mo、Cr 元素的偏析减弱了固溶强化效果。经固溶和时效热处理后,晶粒边界 C、Cr、Mo 含量明显增高,Ni 显著降低,这些元素的偏析促进碳化物和 Laves 相析出。晶界处针棒状和片层状相区域 Cr、Mo 元素质量分数比列接近 1∶1,相组成为 Cr_2Mo,根据 GH3536 合金常见析出相的元素组成可确定为 Laves 相。针棒状(片层状)Laves 相往往是裂纹形核和扩展的位置,明显降低高温合金的塑性及持久强度,为提高 GH3536 的力学性能,通过高温固溶处理控制 Laves 相析出。

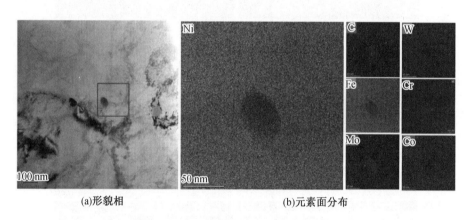

(a)形貌相　　　　　　　　　　(b)元素面分布

图 4-47 SLM 成形 GH3536 TEM 组织

3. 热处理对 GH3536 显微组织及裂纹的影响

图 4-48 是热处理对 GH3536 金相组织的影响,SLM 态和经两种热处理后的微观组织对比图。由 SLM 态可以看到明显的"层与层""道与道"的熔池边界搭接线[如图 4-48(a)和(b)所示]。熔池边界是造成力学性能各项异性的因素之一,熔池边界的消失可一定程度上改善力学性能,因此热处理可以减小各向异性程度。对于 GH3536 合金,经时效热处理后熔池边界搭接区变浅,固溶热处理后熔池边界基本消失。另外,SLM 态和热处理后微裂纹均存在,热处理并不能消除裂纹,裂纹是制约材料塑性的关键因素,由于热处理未能改善 SLM 成形样中的微裂纹,故其不能显著改善材料的塑性。

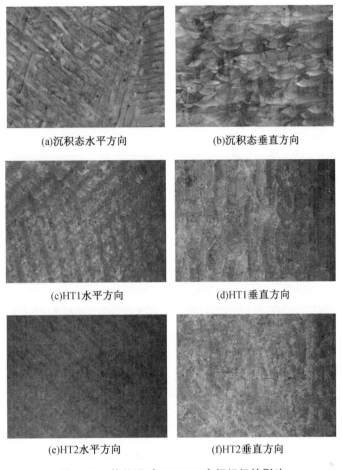

(a)沉积态水平方向　　　　　　　(b)沉积态垂直方向

(c)HT1水平方向　　　　　　　　(d)HT1垂直方向

(e)HT2水平方向　　　　　　　　(f)HT2垂直方向

图 4-48　热处理对 GH3536 金相组织的影响

图 4-49 为三种状态下合金的高倍 SEM 结果,图中灰色为 γ 相,白色为熔池边界及亚晶界析出相。SLM 态熔池边界及柱状晶间的亚晶界有微量白色相析出[图 4-49(a)]。经双级时效热处理后亚晶粒边界及晶界析出片层状白色的相。在时效过程中,固溶在 γ 基体中的过饱和合金元素进一步扩散脱溶进入晶界,并在晶界处发生偏析,促进析出相通过晶界平移进而长大。经固溶热处理后亚晶界数量减少,亚晶界处的偏析程度降低,针条状析出相沿平行于柱状晶生长方向分布,相比于直接时效加上固溶热处理后沿晶界连续分布的片层状的相逐渐变得不连续,这将有利于提高材料的力学性能,针对固溶强化型的 GH3536,提高固溶温度和保温时间,将位于晶界的片层状相充分分解为在晶粒内部弥散分布的颗粒状相,对于提高材料的力学性能有积极的影响。

4. GH3536 析出物分析

已知 GH3536 属镍基固溶强化高温合金,室温下的组织主要为奥氏体,SLM 成形后经 HT+HIP 处理,会析出 $M_{23}C_6$、M_6C 和 σ 等相。图 4-50 给出了上述样品晶界析出物的 EDS 表征结果,可以看出,析出物中 Cr、Mo 和 C 的含量较高,初步判断为富 Cr 和 Mo 的碳化物。晶界处的碳化物为 $M_{23}C_6$ 型碳化物,结合 EDS 结果,该碳化物为 $(Cr,Mo)_{23}C_6$。

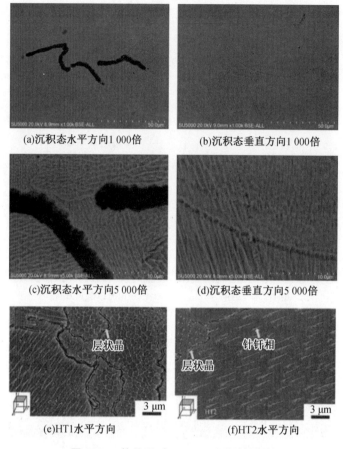

(a)沉积态水平方向1 000倍　　　　(b)沉积态垂直方向1 000倍

(c)沉积态水平方向5 000倍　　　　(d)沉积态垂直方向5 000倍

(e)HT1水平方向　　　　(f)HT2水平方向

图 4-49　热处理对 GH3536 组织的影响

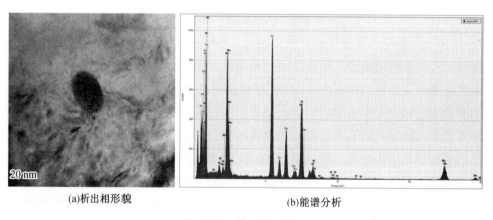

(a)析出相形貌　　　　(b)能谱分析

图 4-50　能谱分析结果

5. GH3536 力学性能分析

　　图 4-51 为不同能量密度成形 GH3536 拉伸曲线,由图可见,采用 SLM 成形的 GH3536 具有典型的塑性变形过程,存在明显的屈服过程。图 4-52 为不同能量密度成形 GH3536 拉伸断口的照片,由图可见,SLM 成形 GH3536 合金断口呈现典型韧窝行断裂特征,并形成了明显的沿晶二次裂纹。激光选区熔化 GH3536 晶界分布着大量硬而脆的碳化物,在拉伸过程中碳化物先于奥氏体基体断裂而产生了微裂纹,在应力作用下裂纹沿晶界扩展,最终形

成断口并在断口处生成沿晶二次裂纹。由于奥氏体基体具很高的塑性,因此在断裂过程中奥氏体上产生了大量的韧窝,并形成了沿晶韧窝型断口。

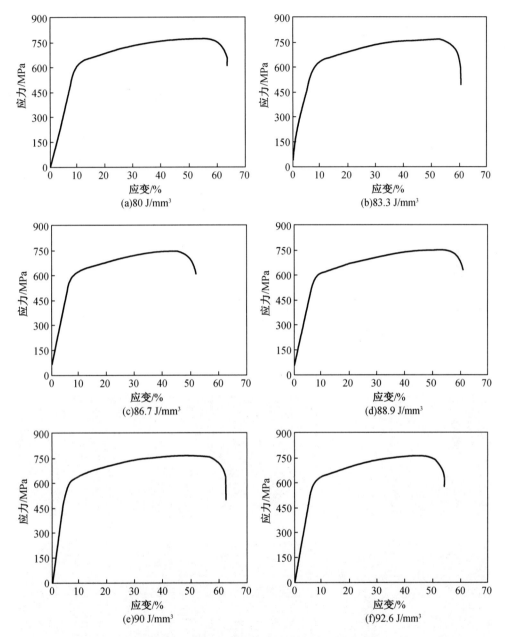

图 4-51　不同能量密度成形 GH3536 拉伸曲线

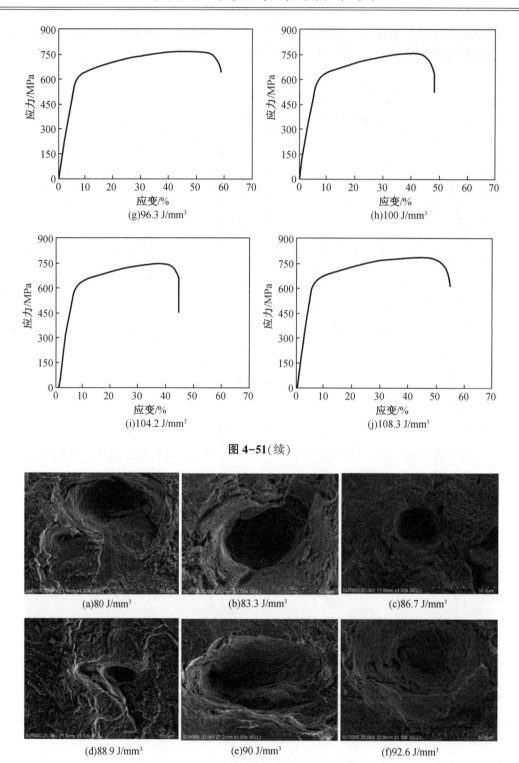

图 **4-51**(续)

(a)80 J/mm³

(b)83.3 J/mm³

(c)86.7 J/mm³

(d)88.9 J/mm³

(e)90 J/mm³

(f)92.6 J/mm³

图 **4-52** 不同能量密度成形 **GH3536** 拉伸断口

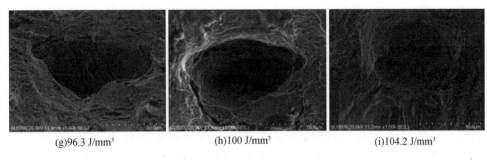

(g)96.3 J/mm³　　　　　　(h)100 J/mm³　　　　　　(i)104.2 J/mm³

图 4-52(续)

图 4-53 为激光能量密度对 GH3536 合金力学性能的影响。由图可见,随着激光能量密度升高,材料抗拉强度和屈服强度呈现先增加,后下降的趋势,抗拉强度最高达到772.3 MPa,屈服强度最高 613.3 MPa,但是此时材料延伸率有所下降。这是因为,随着成形能量密度升高,金属粉末温度升高,熔化更加充分流动性提高,材料成形质量好;但是当能量密度过高时,在材料随后的快速冷却凝固过程中,晶粒变大导致力学性能下降。

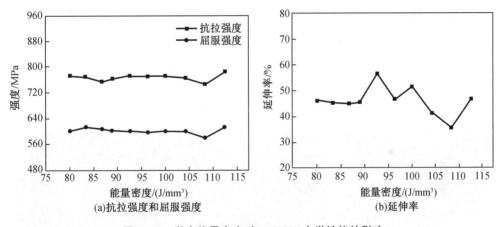

(a)抗拉强度和屈服强度　　　　　　(b)延伸率

图 4-53　激光能量密度对 GH3536 力学性能的影响

对热处理前后 GH3536 合金试样进行室温拉伸性能测试,抗拉强度、屈服强度、延伸率和断面收缩率的测试结果如表 4-11 所示。对比热处理前后试样的力学性能发现,热处理后试样横纵向室温拉伸性能具有较高的屈服强度,分别高达 789 MPa 和 410 MPa,均比热处理前试样的屈服强度高。晶界在室温条件下可以阻碍位错运动,对合金起强化作用。

表 4-11　热处理前后 GH3536 试样的力学性能

样品	方向	抗拉强度/MPa	屈服强度/MPa	延伸率/%	断面收缩率/%
SLM	横向	721	336	44	44
	纵向	744	334	40	37
HT1	横向	723	390	41	57
	纵向	784	401	29	30

表 4-11(续)

样品	方向	抗拉强度/MPa	屈服强度/MPa	延伸率/%	断面收缩率/%
HT2	横向	735	398	37	62
	纵向	789	410	26	39

相较于 SLM 试样,热处理后的晶粒尺寸更小,晶界数量更多,拉伸强度也更高。当碳化物呈块状分布在晶界上会严重降低材料的塑性,HT1 和 HT2 试样晶粒呈柱状晶形貌,在纵向拉伸过程中,大部分晶界平行于应力方向,对其塑性影响不明显,而在横向拉伸过程中,晶界垂直于应力方向,严重降低了试样的塑性。SLM 试样晶粒呈等轴形貌,拉伸性能没有各向异性,且由于晶界析出物呈链状连续分布,因此具有较高的塑性。

图 4-54 为热处理前后对 GH3536 合金室温拉伸断口的影响,从图中可以看出 SLM 试样上存在较多的韧窝,并形成了明显的沿晶二次裂纹。激光选区熔化 GH3536 晶界分布着大量硬而脆的碳化物,在拉伸过程中碳化物先于奥氏体基体断裂而产生了微裂纹,在应力作用下裂纹沿晶界扩展,最终形成断口并在断口处生成沿晶二次裂纹。由于奥氏体基体具很高的塑性,因此在断裂过程中奥氏体上产生了大量的韧窝,并形成了沿晶韧窝型断口。而相较于 SLM 试样,HT1 和 HT2 试样中韧窝数量明显减少,材料内部出现了河流花样和解理面,这表明,此时试样的断裂方式已经由韧性断裂逐渐过渡到沿晶解理断裂,且随着热处理温度的升高,解理面的数量增多,解理面更为清晰。

(a)打印态   (b)HT1   (c)HT2

图 4-54 热处理前后对 GH3536 合金室温拉伸断口的影响

SLM 成形高温合金具有良好的力学性能,其性能指标可达到锻压件水平。其原因是,由于高温合金在 SLM 成形过程中实现了多尺度结构,如图 4-55 所示。以往在对 316 不锈钢的研究中表明,这种跨尺度的合金组织结构使其力学性能大幅超过传统方法制备的高温合金。在 SLM 熔化过程中熔池的高冷速,使得微观组织尺寸和成分偏析范围显著减小,同时沿着细胞墙及小角度晶界的成分偏析可以起到钉扎位错的作用,进而提高材料性能。

6. GH4169 力学性能分析

图 4-56 为激光能量密度对 GH4169 力学性能的影响。由图可见,GH4169 力学性能呈现出与 GH3536 相似规律,抗拉强度最高达到 1 002.01 MPa,屈服强度最高 791.19 MPa。图 4-57 为能量密度对 GH4169 密度的影响,由图可见,随着激光能量密度升高,材料的密度也随之升高。材料密度越高说明其致密度上升,最终使得力学性能升高。但是随着激光能

量密度升高,成形件表面温度升高,在随后的急速冷却过程中,导致其塑性降低,延伸率下降。

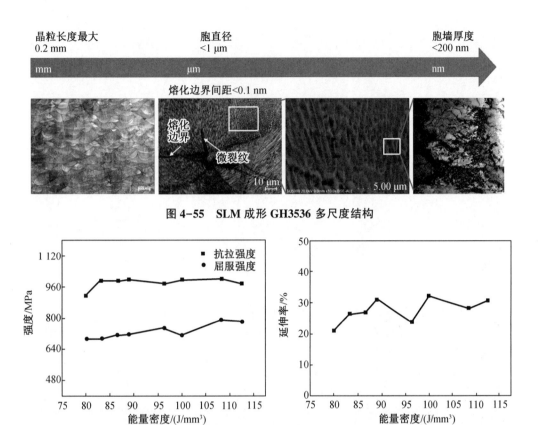

图 4-55　SLM 成形 GH3536 多尺度结构

(a)抗拉强度和屈服强度

(b)延伸率

图 4-56　激光能量密度对 GH4169 力学性能的影响

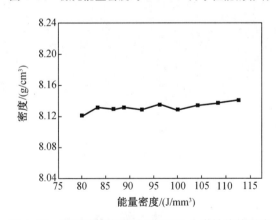

图 4-57　激光能量密度对 GH4169 力学性能的影响

　　这是因为,随着成形能量密度升高,金属粉末温度升高,熔化更加充分流动性提高,材料成形质量好;但是当能量密度过高时,在材料随后的快速冷却凝固过程中,晶粒变大导致力学性能下降。

　　图 4-58 为激光能量密度对 GH4169 合金拉伸断口的影响,图中可以看出能量密度对断

口形貌影响不大,金属主要以塑性断裂为主,可以观察到明显的韧窝特征。

(a)80 J/mm³   (b)83.3 J/mm³   (c)86.7 J/mm³

(d)88.9 J/mm³   (e)90 J/mm³   (f)92.6 J/mm³

(g)96.3 J/mm³   (h)100 J/mm³   (i)104.2 J/mm³

(j)108.3 J/mm³   (k)112.5 J/mm³   (l)图(k)放大10倍效果图

图 4-58 激光能量密度对 GH4169 合金拉伸断口的影响

4.5 本 章 小 结

（1）等离子旋转电极法可以制备球形度在 93% 以上的,粒度分布均匀的球形镍基高温合金 GH3536 粉末。大粒径粉末的表面为发达的呈近似等轴花瓣状的胞状树枝晶组织。电极转速是影响粉末性能的重要因素,电极转速越高粉末的粒径越小。粉末的氧含量随着粉末粒径变小而升高,但是氮含量受粉末尺寸影响不大。粉末粒径越小振实密度和松装密度越高,但是由于粉末变细流动性会变差。为了防止粉末含氧量增加及夹杂增加,在棒料机械加工过程中要严格控制表面清洁度,在粉末制备及后续包装过程中应该严格控制污染物及杂质颗粒存在的情况,建议在真空环境或者高纯氩气环境下进行操作。为了提高粉末收得率,应选择制粉电极转速在 43 000 r/min 以上,等离子电极电流 800 A 以上,棒料进给速度在 1.5~2.5 mm/s。

(2)热等离子体球化方法,可以将筛选出来的不规则 GH3536 高温合金粉末通过整形处理,形成规则的球形金属粉末。通过调整球化技术参数,可以对钛合金粉末的形貌、球形度、氧氮含量等技术指标性能控制。采用热等离子体技术制得的细粉末颗粒表面的组织细化,组织尺寸减小,颗粒表面越光滑。等离子体球化处理过程中,等离子体发生器功率越高,粉末球化率越高,单一粉末球形度越高,粉末流动性越好。但是当功率过高时,会导致粉末中亚微米颗粒增加,进而影响粉末的综合性能。因此确定球化功率为 19.2~28.8 kW,送粉速率为 0.4~0.6 kg。

(3)体能量密度较低时,同一沉积层相邻扫描线之间以及相邻沉积层之间存在未熔化粉末形成的孔隙。随着体能量密度的增加,试样内部孔隙逐渐减少并消失,体能量密度达到 96.3 J/mm³ 时,试样内部开始出现微裂纹,微裂纹数量随着体能量密度的增加而增加。微裂纹垂直扫描线方向,沿晶扩展,跨越相邻扫描线,具有热裂和冷裂特征。试样致密度以及维氏硬度值随着体能量密度的增加而增加,并逐渐趋于稳定。孔隙的存在降低试样的致密度和维氏硬度,微裂纹的存在对致密度和硬度的影响作用不明显。试样的热扩散系数和导热系数均随着体能量密度的增加呈波动上升趋势。当温度相同时,随着体能量密度的增加,GH3536 合金的热扩散系数和导热系数呈下降趋势。试样的热伸长率随温度的升高呈线性增长,且随着体能量密度的增加,曲线斜率变化不大。试样的热膨胀系数随温度的变化曲线表现出相同的变化趋势,当温度为 0~90 ℃时,热膨胀系数随温度的升高波动变化,并在温度为 45 ℃和 80 ℃附近出现两个明显的下降峰;当温度为 90~500 ℃时,GH3536 合金的热膨胀系数基本保持不变,稳定在 $14.7×10^{-6}$ K^{-1}。

(4)GH3536 粉末组织为 γ 基体,SLM 制备的 GH3536 试样中,合金元素几乎完全固溶在基体中,组织中主要为沿(200)晶向生长的 γ 基体,时效热处理后 GH3536 试样中亚晶界有富含 C、Cr、Mo 的片层状相析出,固溶加时效热处理后 GH3536 试样中晶粒内有针状相,晶界有片层状相析出,这些相富含 C、Cr、Mo 主要组成为 Laves 相和碳化物相。SLM 成形 GH3536 晶界 Cr、Mo 元素微观正偏析,时效及固溶加时效热处理后晶界 C、Cr、Mo 元素正偏析。SLM 态试样中存在 10~100 μm 的微裂纹,裂纹起源于熔池内部并贯穿熔化道,这是由于晶界存在易于引起应力集中的 Laves 脆性相。时效和固溶加时效热处理后裂纹未发生明显改善。对比热处理前后试样的力学性能可知,热处理后材料的屈服强度和抗拉强度均显著提高,但延伸率显著降低。对比热处理前后试样的拉伸断口可知,试样的断裂方式从 SLM 时的韧性断裂逐步转变为 HT1 和 HT2 时的解理断裂。

第 5 章　钛铝合金增材制造技术研究

TiAl 合金材料具有密度低、比模量高、高温力学性能佳、抗蠕变、900 ℃下抗氧化性好和阻燃等优点,是用于航空发动机和火箭推进系统的极具吸引力的新一代候选高温结构材料之一。被认为是研制超音速飞行器中最合适的备选材料之一。TiAl 合金已在航空发动机领域得到成功应用,美国 GE 公司将铸造的全套 98 件低压满轮叶片安装在大型商用运输机 CF6-80C2 发动机上,并通过了 1 000 个飞行周期的考核试车;同时,该公司计划在 GE90 发动机中用钛铝合金叶片代替镍基合金,发动机的能耗、噪声以及污染物排放均比使用镍基合金叶片的同等级发动机有显著的进步。THYSSEN 与 ROLS-ROYCE 成功地锻造出发动机高压压气机叶片。日本三菱集团采用 TiAl 合金制造出满轮叶片等零件。德国 MTU 公司已经完成 γ-TiAl 合金制低压涡轮转子叶片上旋转测试。通用电气公司应用熔模精铸法制出 Ti-47Al-2Cr-2Nb 低压涡轮机叶片。同样,美国精密铸件公司(PCP)成功地在民用超音速飞机(HSCT)发动机排气喷嘴上应用熔模精密铸件。国内哈尔滨工业大学成功研制出钛铝合金 483Q 发动机排气阀门。

TiAl 在汽车工业领域有望成为新一代涡轮增压器的转子材料,TiAl 合金的应用对于降低能耗、噪声等成效显著,此外 TiAl 合金在排气阀、连杆等部件上也得到应用。日本京都大学和川崎重工业株式会社开发的钛铝发动机就已经替代了铸造镍基高温合金制作增压锅轮,减重达 58%。日本的大同特殊钢株式会社也已在上世纪末实现了 TiAl 基合金的赛车发动机增压满轮的实用化。

传统铸造法会导致 TiAl 合金组织粗大,内部易形成疏松和成分偏析,进而导致力学性能差。此外,TiAl 合金较低的室温塑性使得一些传统的加工方法,如轧制、锻压和车加工,变得十分困难。

而采用粉末冶金方法制备 TiAl 合金,可以克服疏松、缩孔等铸造缺陷,且材料成分均匀,显微组织细小,因而具有良好的力学性能;同时,粉末冶金工艺易于添加合金元素而制备复合材料,并且可实现复杂零件的近净成形。

对于 TiAl 合金增材制造,其原材料预合金粉末的要求更加苛刻,除需具备良好的可塑性外,还必须满足粉末粒径细小、粒度分布较窄、球形度高、流动性好和松装密度高等要求。一般要求金属粉末为球形,粒径为 20~150 μm,松装密度尽量大。增材制造技术主要研究的钛铝合金成分以 4822、β-γ 合金和高铌钛铝合金为主。但是目前国内采用传统工艺制备的 TiAl 合金粉末还存在着氧含量高、球形度差、成分均匀性差、空心粉含量高以及粒度分布不佳等问题,这在一定程度上限制着我国高端钛合金制件 3D 打印产业的进一步发展。高品质的 TiAl 预合金粉末是粉末冶金法制备 TiAl 合金材料的基础,将为改善 TiAl 合金的制备技术,扩大其实际应用起到积极的作用。

制备 TiAl 预合金粉末的有效技术主要有惰性气体雾化法、等离子体旋转电极法和射频等离子体球化法。

上述各种技术制备的 TiAl 合金粉末纯净度高,但是仍然存在粉末颗粒间成分不均匀、制粉过程中合金元素挥发、单一粉末颗粒存在内含雾化气体闭孔、含有大颗粒空心粉、粉末颗粒的球形度不高,且粒度分布不能全覆盖等问题。而且设备初期投入高,制备阶段需要消耗不同量的惰性气体以保证整个制备技术流程的洁净,所以上述技术制备 TiAl 合金粉末的成本较高。因此,进一步研制开发出低成本、高品质的预合金粉,并实现大规模化生产,将是今后高性能 TiAl 基合金材料产业化应用的重要基础。

钛铝合金由于密度小、高温强度优异、抗氧化性和抗蠕变性良好等优异性能,因而成为有巨大应用潜力的先进高温结构材料。但普通钛铝合金的室温塑性和断裂韧性较差,在800 ℃以上抗高温蠕变和抗高温氧化性能较差,这些缺点严重限制了钛铝合金在航空航天、汽车等领域中的应用范围。而且其机械加工性能较普通钛合金更差,给实际应用带来较大困难。增材制造由于可以实现近净成形,省去机械加工环节,使钛铝合金广泛应用成为可能。本章采用 PREP 和 EIGA 技术,制备增材制造用高品质钛铝合金粉末。研究制备方法及技术对钛铝合金粉末组织形貌、基本性能的影响。同时将制备出的粉末用于电子束选区熔化成形,研究 3D 打印工艺及后处理对钛铝材料的组织性能的影响。

5.1　高转速等离子体旋转电极法制备钛铝合金粉末

本节采用高转速 PREP 技术制备球形钛铝合金粉末,电极转速为 32 000~42 000 r/min,等离子体发生器电流强度为 650~700 A,研究制备工艺对粉末组织性能的影响。

5.1.1　合金棒料制备及加工

1. 合金棒料制备

采用 PREP 制备钛铝合金粉末时,首先要将原材料加工成特定尺寸电极棒。本研究所使用的合金电极棒料为采用真空电弧重熔(Vacuum Arc Remelting, VAR)技术,由钛合金原料及中间合金经熔炼得到合金铸锭,然后再经机械加工制得。

根据以往的研究表明,在 Ti-Al-Cr-Nb 四元合金系中,组元 Al 的挥发趋势最大,组元Ti 次之,组元 Cr 和 Nb 最小。熔炼过程中为保证最终制备的钛铝合金粉末中合金元素含量,满足最终 3D 打印构件使用要求。需要注意以下几点:

(1)控制 Al 元素成分偏析;

(2)防止由于 Al 蒸汽饱和蒸气压低、熔点低,在真空状态下易挥发、易烧损而造成的合金元素含量损失。

在熔炼铸造过程中,低熔点、高饱和蒸气压的合金组元极易出现挥发烧损的现象,因此在合金熔炼之前,原料合金及其中间合金在水冷铜坩埚中的铺放料顺序就至关重要。根据烧损程度的不同,将烧损较为严重的元素放置在底层,最后将基体元素放置在最上层。图 5-1 为熔炼过程中投料顺序。

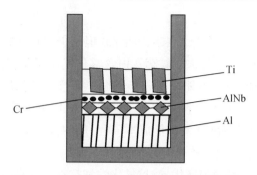

图 5-1　Ti4822 棒料熔炼过程中投料铺放顺序

根据研究者实验成果,本项目采用在熔炼过程中,首先增加 Al 元素投放量。保证目标粉末合金成分以及最终电子束成形件的合金成分,将 Al 元素投放量增加 8%。同时在保证真空度的情况下,增加氩气保护的方法抑制 Al 元素损失。为了防止成分偏析,采用直流、交流两种稳弧电流类型,通过调整不同类型稳弧电流大小,调整熔池深度、熔液 驻留时间等参数,降低 Al 元素的宏观偏析。图 5-2 是 TiAl 二元相图,从图中可以看出,TiAl 基合金的室温组织主要包含 α_2-Ti3Al、γ-TiAl、层片组织(α_2/γ)以及 B_2 相。

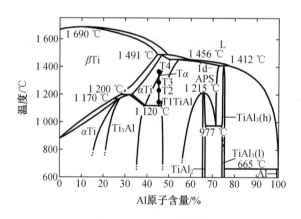

图 5-2　TiAl 二元相图

图 5-3 为铸造合金棒微观组织。钛铝合金中 Al 含量为 52~56 原子百分数%,钛铝基合金为 γ 单相合金,当 Al 含量为 46~50 原子百分数%时,钛铝基合金为 $\gamma+\alpha_2$ 双相合金。由图 5-2 可见,铸造态合金棒呈现近层片状组织,基本为 α_2-Ti$_3$Al 相并还有少量 γ-TiAl 相;但是由于 γ 相含量极低,而 α_2 相晶粒组织又非常粗大,尺寸约为 200 μm,并且其中含有少量气孔缺陷。最终导致合金棒塑性差,抗裂纹扩展能力较差,合金抗蠕变性能低,同时也使得合金的室温断裂韧性较差,并且难于机械加工。

图 5-4 为铸造 Ti48Al2Cr2Nb 合金棒的 X 射线衍射图谱,从图中也可以看出,铸造 Ti48Al2Cr2Nb 合金棒主要是由 γ-TiAl 相、α_2-Ti$_3$Al 相和 B2 相组成,未检测到其他物相峰位。最强的衍射峰均位于 38.96°,对应于 $\gamma(111)$;73.17°对应 B2(211);在 40.84°和 79°衍射峰位置处,分别对应于 $\alpha_2(\overline{4221})$ 和 $\alpha_2(\overline{8441})$。由图 5-2 可知,铸造钛铝合金棒料,成形 TiAl 合金组织为近层片组织,片层晶团边界处存在少量的 B2 相和等轴 γ 晶粒。

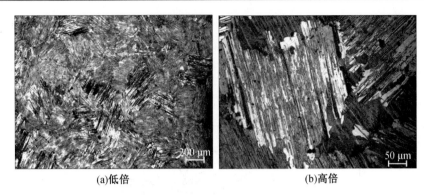

(a)低倍　　　　　　　　　　(b)高倍

图 5-3　熔炼合金棒金相组织

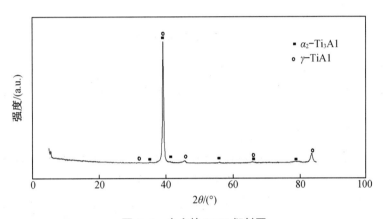

图 5-4　合金棒 XRD 衍射图

2. 合金棒料机械加工

图 5-5 为本研究所需合金电极棒料加工尺寸及其加工精度要求。如图可见,为了避免 PREP 法制备过程中由于电极棒高速旋转产生的共振现象,对合金棒的加工有着严格的要求。

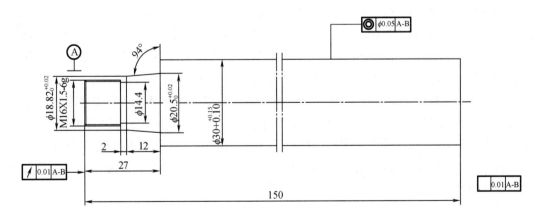

图 5-5　高转速 PREP 电极棒料加工尺寸及精度要求

结合国内外文献报道,首先分析钛铝合金在机加工过程中刀具与材料之间的相互关系。图 5-6 为刀具切削钛铝合金材料的示意图。由图可见,在切削加工过程中始终存在两个摩擦副,即由前刀面与切屑组成的摩擦副和由后刀面与工件组成的摩擦副,在由于钛铝合金本身硬度高、塑性差,导致其难加工。

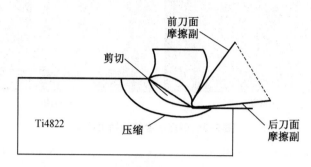

图 5-6　刀具切削 Ti4822 示意图

有研究表明高硬度材料切削加工具有如下特点。

(1)切削压力大。切削力主要来自克服被加工材料的变形抗力和刀具与工件之间的摩擦力。

(2)切削温度高。在切削过程中,被加工材料变形产生大量切削热。刀具温度太高,导致刀具材料明显软化,会使其磨损加剧。由于刀具切削部分的体积很小,且热量都聚集在刀尖附近,所以刀具温度很高,高速切削时可达 1 000 ℃以上。切削热传至工件,使工件温度升高,导致工件变形从而产生形状和尺寸误差,影响加工精度,并且工件表面的局部高温会使工件表面产生内应力、裂纹、硬度不足甚至烧伤等缺陷。

(3)刀具前刀面始终与新鲜表面接触,容易造成黏结。

切削速度对钛铝合金切削过程中刀具的磨损影响较大,随着切削速度的增加,切削钛铝合金棒的刀具磨损率呈显著增加趋势。为提高刀具寿命,降低加工成本,结合相关文献资料,最终切削处理过程中选择切削速度为 20~30 m/min。同时,在加工过程中发现,进给量对刀具磨损的影响不明显。切削过程中,随切削速度的增加,主切削力和径向力都表现为增加的趋势。这是由于随着切削速度增加,克服切屑/刀具和刀具/工件这两个摩擦副所需的摩擦功及克服切削塑性变形功的增加。大量的切削热集中在刀尖附近,使刀具材料及与之接触的工件材料软化加剧,因此黏着磨损程度恶化。大量的钛铝合金黏着在刀具表面,增加了后续切削过程中的摩擦力,因此主切削力和径向力都有增加的趋势。

因此在实际机械加工过程中,常规刀具不能满足要求。本研究选择硬度更高的金刚石刀具进行表面切削处理。试验用 CA 6150 普通车床,刀具为 PCD 726 金刚石可转位车刀。在加工安装螺纹时,同样选用金刚石外螺纹刀具。PREP 制备合金粉末过程中,首先要将合金原料棒加工成固定尺寸的电极棒,如图 5-7 所示。图 5-8 为 Ti4822 拉伸试样尺寸及最终加工试棒照片。

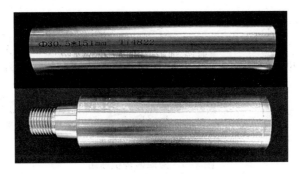

图 5-7 原始合金棒料及加工后的电极棒料

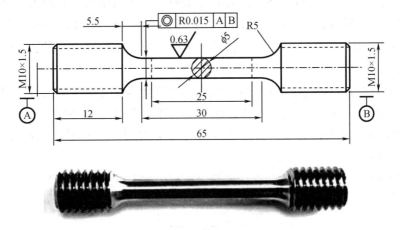

图 5-8 拉伸试样加工尺寸要求及最终拉伸试棒

5.1.2 制备技术对钛铝合金粉末粒度粒形的影响

PREP 制粉过程中,在高温等离子体作用下,合金棒料前端被熔化形成液膜,液膜受到由电极棒旋转产生的离心力作用,流向棒料端面边缘;与此同时液膜由于受表面张力的作用,在棒料端面处形成一个类圆形的"冠";此后随着棒料前端持续熔化,"冠"的体积增大,形成"液饵";在进一步熔化过程中,"液饵"质量持续增加;当离心力超过熔体的表面张力时,"液饵"从"冠"中甩出,形成的金属液滴于惰性气氛中急速冷却,并在表面张力作用下凝固形成球形粉末。

在 PREP 制粉过程中,棒料端面液膜厚度不同,使得液滴的破碎机理不同。随着液膜厚度增加,破碎机理由直接液滴破碎到液线破碎过渡到液膜破碎机理,并导致最终制备出的粉末性能出现差异。液滴破碎机理示意图如图 5-9 所示,具体描述如下。

(1)直接液滴破碎机理(direct drop formation,DDF)。制粉初期,电极棒熔化速度较小,金属熔液在棒料端面边缘处形成"液饵","液饵"甩出后形成一次颗粒。在一次颗粒与"液饵"分离的过程中,会形成直径较一次颗粒更细小的二次颗粒。在这种破碎机理下,粉末为规整的球形,大小颗粒数量几乎相等,未经筛分的全粉粒度分布呈现双峰分布。

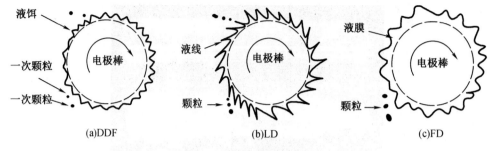

图 5-9　液滴破碎机理图

（2）液线破碎机理（ligament disintegration，LD）。随着熔化速度的增大，电极棒端面上"液饵"质量增大、数量增多，并向外流动形成液线，液线在离心力作用下被拉长，甩出脱离电极棒后破碎成大量尺寸不均匀的液滴，且小液滴的数目比大液滴多，最终导致制备的粒度分布变宽。而且在 LD 下，会形成一些椭圆形颗粒。

（3）液膜破碎机理（film disintegation，FD）。当熔化速度进一步增大时，棒料端面的金属熔液持续增多形成不稳定的液膜，液膜在离心力作用下被甩出，脱离电极棒后破碎并成液滴，该种机制下液膜外部的流速超过了泰勒失稳性，液滴甩出后易形成不规则的片状粉末，且颗粒较粗大。

有研究者推导出 PREP 制粉过程中液膜厚度可由如下公式进行计算得到：

$$\delta = \left[\frac{1.848 \times 10^7 \mu I}{\pi^3 \rho_{Tm}^2 n^2 \Delta H} \right]^{1/3} \qquad (5\text{-}1)$$

式中　δ——液膜厚度，m；

　　　μ——黏度，Pa·s；

　　　I——电流强度，kA；

　　　ΔH——单位质量棒料由室温加热至熔化所需的热量，kJ/kg；

　　　n——电极棒转速，r/min；

　　　ρ_{Tm}——液滴密度，kg/m。

由式（5-1）可以看出，当电极棒的直径相同时，液膜厚度主要与电极棒转速、电流强度以及材料本身的性质有关。

1. 电极转速对粉末粒度的影响

采用振动筛分法对所制得的粉末在高纯氩气保护下进行粒度分级，分别为+100 目、−100~+150 目、−150~+325 目和−325 目。图 5-10~图 5-12 为等离子体电流 670 A 下，分别采用电极转速为 32 000 r/min、39 000 r/min 和 42 000 r/min 制得的 Ti4822 粉末经筛分后粒度分布情况。由图可见旋转电极法制备的 Ti4822 粉末粒径均在 300 μm 以下，并且经过筛分后的粉末粒度分布较窄。对制得的粉末进行分级筛分，一方面是去除较粗的不合格粉末；另一方面也是为了筛选出满足后期 3D 打印要求的一定粒径范围的粉末；同时也可以对不同粒径规格的粉末进行定量化分析。

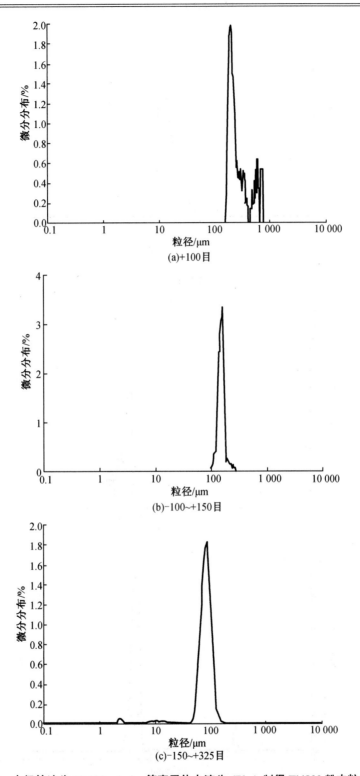

图 5-10　电极转速为 32 000 r/min,等离子体电流为 670 A 制得 Ti4822 粉末粒度分布

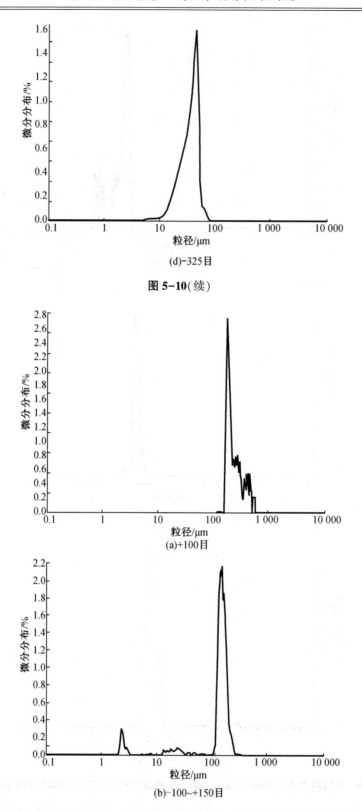

(d)−325目

图 5−10(续)

(a)+100目

(b)−100~+150目

图 5−11　电极转速为 39 000 r/min，等离子体电流为 670 A 制得 Ti4822 粉末粒度分布

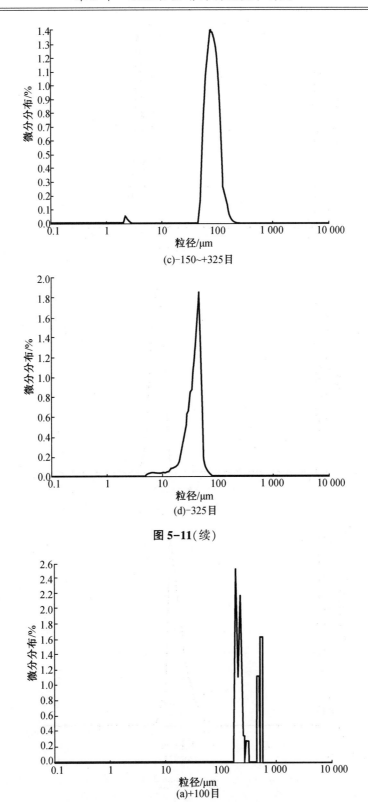

(c)−150~+325目

(d)−325目

图 5-11(续)

(a)+100目

图 5-12 电极转速为 42 000 r/min,等离子体电流为 670 A 制得 Ti4822 粉末粒度分布

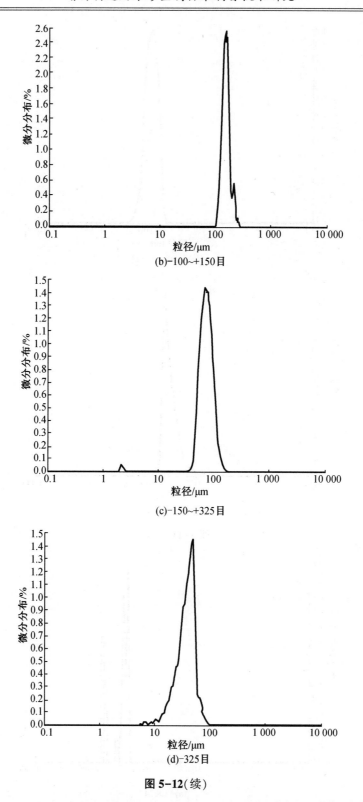

图 **5-12**(续)

图 5-13 为采用高速 PREP 制备 Ti4822 粉末时,电极棒转速对合金粉末粒径大小的影响。由图可见,随着电极棒转速不断升高,粉末粒径呈现下降趋势。但是对于经-325 目筛

分的合金粉末而言,由于粉末过于细小,转速对粒径的影响不明显。

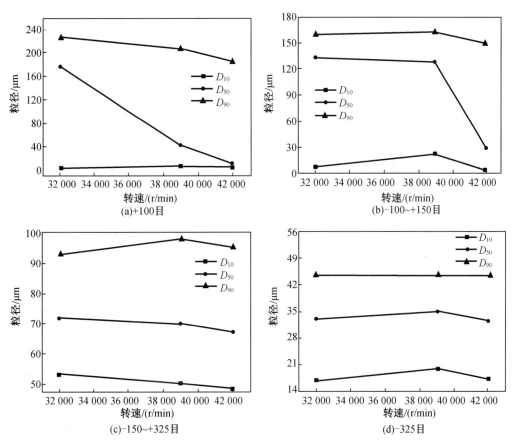

图 5-13 电极转速对 670 A 制得 Ti4822 粉末粒度的影响

粉末形成的临界条件是离心力等于表面张力,即

$$\frac{m\omega^2 d}{2} = \sigma \pi d_1 \tag{5-2}$$

式中　m——液滴的质量,kg,$m = \rho \pi D^3/6$;

　　　D——液滴直径,m;

　　　ω——棒料旋转的角速度,rad/s,$\omega = 2\pi n/60$;

　　　d——棒料的直径,m;

　　　σ——液滴表面张力,N/m;

　　　d_1——液饵的直径,m,与液滴直径 D 的关系为 $d_1 = \eta D$,η 取 0.8。

整理得:

$$D = \frac{29.59}{n} \sqrt{\frac{\sigma}{d\rho_{Tm}}} \tag{5-3}$$

本研究中,$D = 30$ mm $= 0.03$ m,因此:

$$D = \frac{170.84}{n} \sqrt{\frac{\sigma}{\rho_{Tm}}} \tag{5-4}$$

式中　n——电极棒转速,r/min;

　　　ρ_{Tm}——液滴密度,kg/m。

由此得出了 PREP 制备的粉末粒度计算公式,值得注意的是,式(5-4)计算所得值为未筛分粉末的平均粒度,即全粉 D_{50}。当合金粉末物理量固定时,粉末粒径与电极棒转速成反比,即转速越高粉末粒径越小。此规律对于分级筛分后的各种球形粉末依旧适用。当材料相同时,D_{50} 主要与电极棒转速有关。因此,增大电极棒的转速,是降低粉末平均粒度的重要方法。通常情况下,在实际的生产过程中,由于制粉设备的旋转进给机构与棒料均存在一定幅度的振动,会导致液态金属液滴在小于离心力理论值时,脱离棒料端面,进而导致实际得到的 D50 小于理论值。

图 5-14 为电极棒转速对不同筛分级粉末出粉率的影响。由图可见,随着电极棒转速的提高,-150~+325 目和-100~+150 目规格粉末的出粉率升高,相对的+100 目粗粉逐渐减少;但是电极棒转速对于-325 目细粉收率的影响不大。本研究采用的高转速 PREP 制备钛铝合金粉末,主要用于电子束打印成形,粉末粒径规格为-100 目~+325 目。由此可见,本研究采用的制粉技术粉末收率在 62.50% 以上,当采用 42 000 r/min 制粉时,更是可将-100~+325 目粉末收率提高到 80.68% 以上。

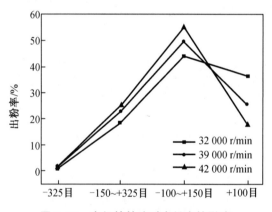

图 5-14　电极棒转速对出粉率的影响

在图 5-5 液膜破碎机理间的转换主要与 Hi 值有关,当 Hi<0.07 时,为 DDF,当 Hi>1.33 时,为 FD;当 Hi 为 0.07~1.33 时,为 LD。在制备粉末的过程中,应尽可能的将破碎机理控制在 DDF 或者 LD 模式下。Hi 的计算公式如式(5-5)所示。

$$Hi = \frac{Qw^{0.6}\mu^{0.17}\rho_{Tm}^{0.71}}{d^{0.68}\gamma^{0.88}} \tag{5-5}$$

式中　Q——熔化速度,m³/s;

　　　μ——黏度,Pa·s;

　　　γ——表面能,J·m²。

随着电极棒转速的增大,液膜厚度减小,导致细粉收得率增加。另一方面,当电极棒转速增加、熔化速度不变时, Hi 值增加,液滴破碎机理均为 LD(液线破碎机理),因而电极棒转速对粒度分布曲线的宽窄影响不大。结合粉末形成过程及液线破碎机理,在制粉过程中,随着电极棒转速提高,棒料端面的液线受到的离心力也增大,使其被迅速拉长,断裂形成的细小液滴增多,导致最终形成的细粉量增多。

2. 等离子体发生器电流对粉末粒度的影响

电极棒转速 42 000 r/min 时,选择等离子体发生器电流为 650 A、670 A 和 700 A。分析讨论电流强度对粉末粒度分布的影响,结果见图 5-15、图 5-16 和图 5-17 所示。由图可见,不同电流强度下粉末粒度均呈现正态分布。图 5-14 为粉末粒度随电流变化情况。由图可见,随着电流强度增加,粉末粒度呈现逐渐上升趋势。但是也可发现,电流强度只会改变粒度分布峰值的宽窄,但几乎不改变 D_{50} 值。

粉末粒度及其分布主要与熔化速度及液膜厚度相关,其中液膜厚度可以用式(5-6)来表示:

$$\delta = \left(\frac{3\mu Q}{2\pi R^2 \rho_{Tm} \omega^2}\right)^{\frac{1}{3}} \tag{5-6}$$

式中　δ——液膜厚度,m;

　　　　R——电极棒半径,m。

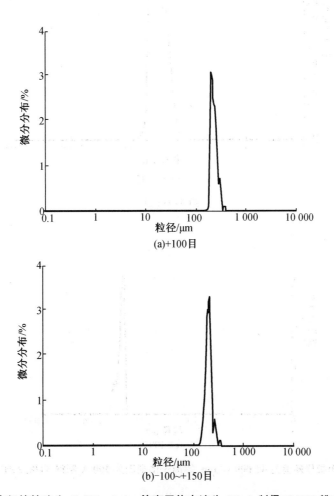

(a)+100目

(b)-100~+150目

图 5-15　电极棒转速为 42 000 r/min,等离子体电流为 650 A 制得 Ti4822 粉末粒度分布

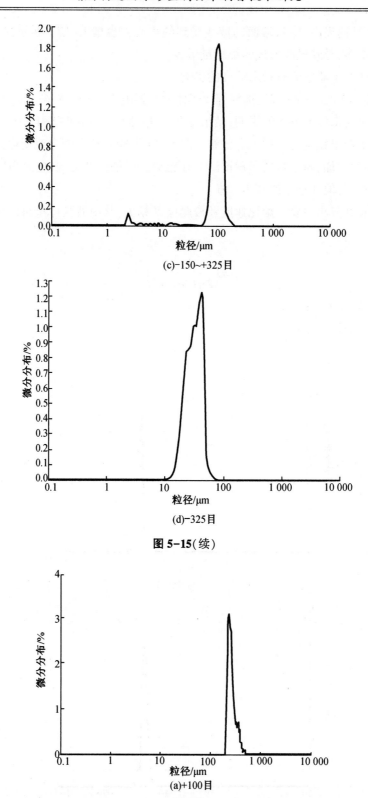

(c)−150~+325目

(d)−325目

图 5-15(续)

(a)+100目

图 5-16 电极棒转速为 42 000 r/min,等离子体电流为 700 A 制得 Ti4822 粉末粒度分布

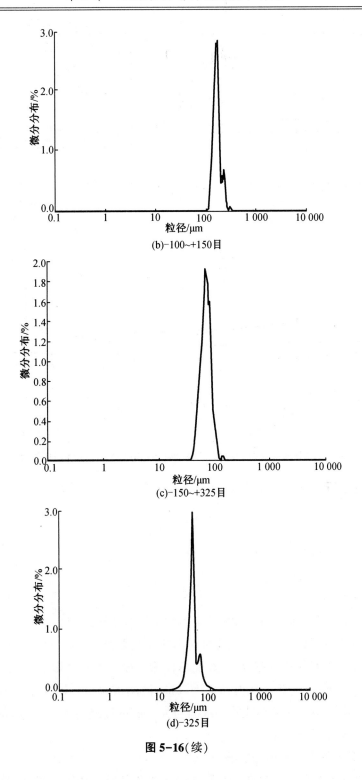

(b)−100~+150目

(c)−150~+325目

(d)−325目

图 5-16(续)

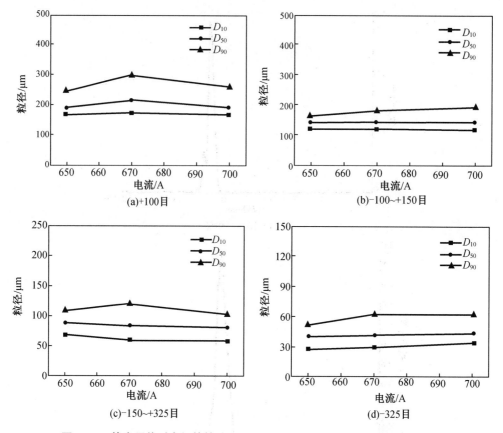

图 5-17　等离子体对电极棒转速 42 000 r/min 制得 Ti4822 粉末粒径的影响

其中,熔化速度 Q 可以用下式表示:

$$Q = \frac{\alpha IU}{\rho_{Tm}\Delta H} \qquad\qquad (5-7)$$

式中　α——等离子枪热效率,通常取 0.35;

　　　　I——电流强度,kA;

　　　　U——电压,V,$U = 55$ V;

　　　　ΔH——单位质量棒料由室温加热至熔化所需的热量,kJ/kg。

图 5-18 为等离子体发生器电流强度对出粉率的影响。由图可见,随着电流强度升高,-325 目细粉和+100 目粗粉收率提高;其他两种筛分级粉末收率影响不大。由式(5-7)可知,熔化速度 Q 和 Hi 随电流强度的增大而升高,液滴破碎机理同样属于 LD(液线破碎机理),熔化速度越大,液线断裂形成的小液滴与大液滴的比例越大,导致制备的细粉与粗粉的比例增大,粉末粒度分布变宽。

3.电极转速对粉末球形度的影响

图 5-19 为电极棒转速对钛铝合金粉末球形度的影响。由图可见,电流强度为 670 A,电极转速为 32 000~42 000 r/min,电极棒转速对粉末球形度 D_{50} 和 D_{90} 的影响不大。在以往的研究中,电极转速是制备球形钛合金粉末的重要技术参数。随着转速提高,液态金属所受到的离心力越大,越容易在飞行冷却过程中形成球形。粉末粒径越小表面越光滑,因

而其球形度越高。粉末球形度与电极棒转速成正比;同时相同转速下粒径越小,球形度越高。本研究所制得的 Ti4822 粉末球形度均在 90% 以上。电极棒转速对粉末球形度影响不大的原因在于,钛铝合金密度较低,虽然提高转速能够使得液膜厚度降低,但由于粉末粒径较大,所以电极棒转速对球形度的影响不是非常明显。采用 42 000 r/min 转速制得的 Ti4822 粉末经过筛分后,−200~+325 目粉末球形度可达 99% 以上。粉末球形度越高,流动性越好,越利于提高 3D 打印构件的性能。

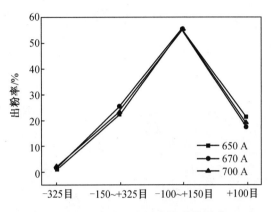

图 5−18 电流强度对出粉率的影响

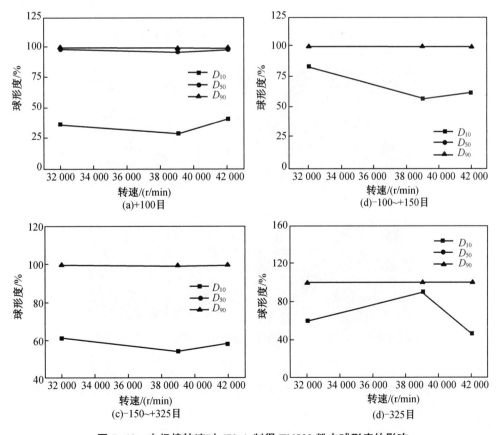

图 5−19 电极棒转速对 670 A 制得 Ti4822 粉末球形度的影响

　　图5-20、图5-21和图5-22为电极棒不同转速下粉末球形度分析的光学投影照片。由图可见,本研究制备的粉末经过-100~+150目、-150~+325目和-325目筛分后接近完全球形,而+100目粉末由于存在金属熔化初期被离心力甩出的不规则液膜,所以存在非球形颗粒。

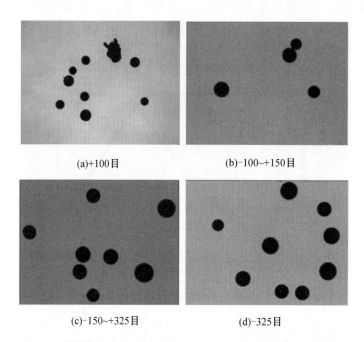

(a)+100目 (b)-100~+150目

(c)-150~+325目 (d)-325目

图5-20　电极棒转速 32 000 r/min、670 A 制得 Ti4822 粉末粒形分析

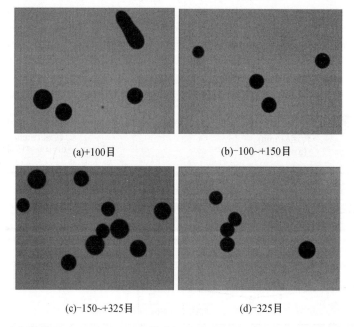

(a)+100目 (b)-100~+150目

(c)-150~+325目 (d)-325目

图5-21　电极棒转速为 39 000 r/min,等离子体电流为 670 A 制得 Ti4822 粉末粒形分析

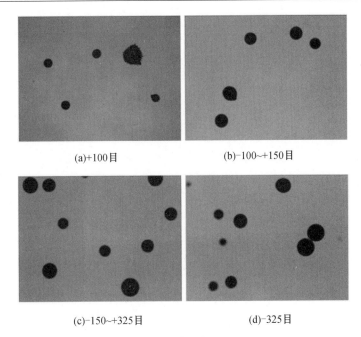

(a)+100目　　　　　　　　　(b)-100~+150目

(c)-150~+325目　　　　　　　(d)-325目

图 5-22　电极棒转速为 42 000 r/min,等离子体电流为 670 A 制得 Ti4822 粉末粒形分析

4. 等离子体发生器电流对粉末球形度的影响

图 5-23、图 5-24 和图 5-25 为电极棒不同转速制得粉末,经过筛分后的粒形分析照片。由图可见采用高速 PREP 制备的钛铝合金粉末多数成均匀的球形,但是+100 目筛分的粉末中存在不规则颗粒。这是由于在制粉初期由于电极棒在提升转速过程中未达到最高转速时,导致液膜脱离电极时的离心力过小导致。

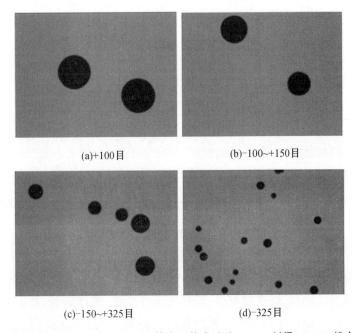

(a)+100目　　　　　　　　　(b)-100~+150目

(c)-150~+325目　　　　　　　(d)-325目

图 5-23　电极棒转速为 32 000 r/min,等离子体电流为 670 A 制得 Ti4822 粉末粒形分析

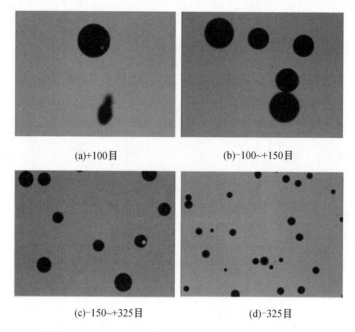

(a)+100目   (b)-100~+150目

(c)-150~+325目   (d)-325目

图 5-24   电极棒转速为 39 000 r/min,等离子体电流为 670 A 制得 Ti4822 粉末粒形分析

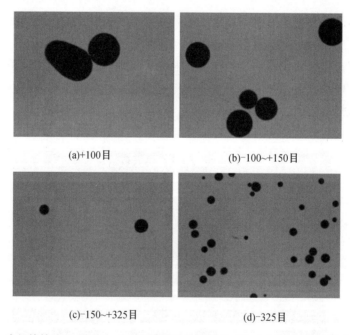

(a)+100目   (b)-100~+150目

(c)-150~+325目   (d)-325目

图 5-25   电极棒转速为 42 000 r/min,等离子体电流为 670 A 制得 Ti4822 粉末粒形分析

等离子体发生器电流强度对筛分后 Ti4822 粉末球形度的影响如图 5-26 所示。由图可见,+100 目和-100~+150 目筛分粉末球形度随着电流强度提高而大幅提升;-150~+325 目和-325 目筛分粉末球形度受电流强度影响不大。这是因为,对于大粒径粉末而言,电流强度越高,液态金属温度越高,熔化越充分,同时流动性提高、黏度降低,在离心力和表面张力作用下越易形成球形,进而使得粉末球形度提高。而对于-150~+325 目和-325 目筛分粉末,由于粉末本身粒径较小,其初始金属液滴质量小,受离心力作用有限,球形度主要由液态金属表面张力决定,进而受电流强度影响不大。由图可见,本研究制备的 Ti4822 粉末球形度均在 94% 以上,能够满足后续电子束打印成形的使用要求。

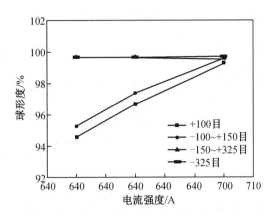

图 5-26 电流强度对粉末球形度的影响

5.1.3 制备技术对钛铝合金粉末组织形貌的影响

1. 粉末物相分析

图 5-27 和图 5-28 是不同技术参数制备的粉末 XRD 分析结果。由图可见,采用 PREP 制备的 Ti4822 粉末,当粉末筛分级相同时,不同电极转速、不同等离子体电流制备出的粉末的衍射峰几乎一致,都是由 γ-TiAl 和 α_2-Ti$_3$Al 相衍射峰组成。但是对于不同筛分级,也就是不同粒径大小粉末而言,衍射峰的晶面指数有所不同。+100 目粉末其最强衍射峰是 38.46° 处的 γ 相(111)晶面的衍射峰;此后随着粉末粒径降低,γ 相(111)(002)和(200)晶面的衍射峰强度逐渐降低,对于-325 目粉末 γ 相(002)和(200)晶面的衍射峰消失;而 α_2 相(111)和 γ 相(102)晶面的衍射峰强度则逐渐升高。

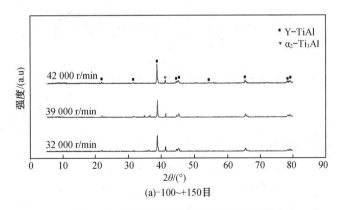

(a)-100~+150目

图 5-27 转速对粉末 XRD 曲线的影响

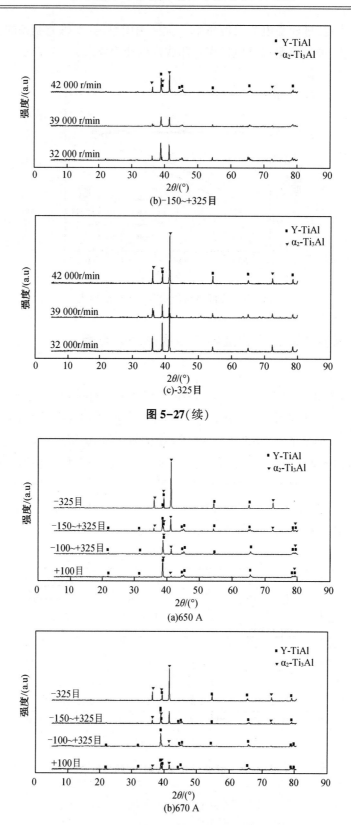

图 5-27(续)

图 5-28 42 000 r/min 制得粉末 XRD 曲线

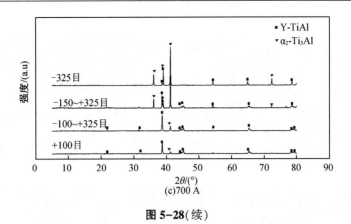

图 5-28（续）

PREP 制备钛铝合金粉末时,粉末从液滴凝固过程的冷却速度可表示为

$$\left(\frac{\mathrm{d}T}{\mathrm{d}t}\right)_{t=0} = -\frac{h}{\rho c_p d}(T_m - T_0) \tag{5-8}$$

式中　T——溶体温度;

　　　t——时间;

　　　h——界面导热系数,~10 W/cm^2 · K;

　　　ρ——熔体密度,~3.9 g/cm^3;

　　　c_p——恒压比热容,~0.8 J/g · K;

　　　d——粉末直径;

　　　T_m——熔点温度,~1 833 K;

　　　T_0——室温温度,~293 K。

通过式(5-8)可知,粒径越小或者金属液滴温度越高冷速越快。在如此高的冷却速率下,液滴发生非平衡凝固,液相首先转化为 β 相,而后由 β 相转化为 α 相,最终高温 α 相转变为低温 α$_2$ 相。γ 相则由两种方式转化而来,一种是由高温 α 相与液相发生包晶反应转化而来;另一种是在凝固过程中,由后凝固 Al 含量高的液转化而来。凝固速率越慢,发生包晶反应的程度越充分,Al 在后凝固液相中偏析的程度越大,产生 γ 相的量也越多。等离子体电流强度越大,液态金属温度越高,其凝固时的冷速也越慢,产生 γ 相的量也越多。

2. 粉末组织形貌分析

图 5-29 为采用 PREP 制备的钛铝合金粉末形貌。由图可见,粉末呈实心球形,表面光滑,基本无卫星球存在,表明粉末会具有较好的流动性。同时,由图可以看出有少量椭圆形颗粒,但多数粉末为规则的球形,球形粉末含量约为 95% 以上。同时可以看出,PREP 制备的粉末具有龟裂形表面[图 5-29(b)和(e)]和光滑表面[图 5-29(h)]两种形貌,且粉末粒径越小表面越光滑。同时粉末内部组织也存在明显区别,这种却别来源于粉末粒径的影响。粉末颗粒直径的增加也会引起内部显微组织的变化,对于-100~+150 目大直径粉末而言,过冷度减小,晶粒形核速率降低,晶粒生长时间充裕,颗粒内部为一次、二次等轴状树枝晶组织,如图 5-29(c)所示;对于-150~+325 目粉末,其内部为等轴胞状晶长大组织[图 5-29(f)];而对于-325 目细粉而言,由于冷速快、过冷度大、形核率高,导致内部形成独立分散的微晶组织,如图 5-29(i)所示。

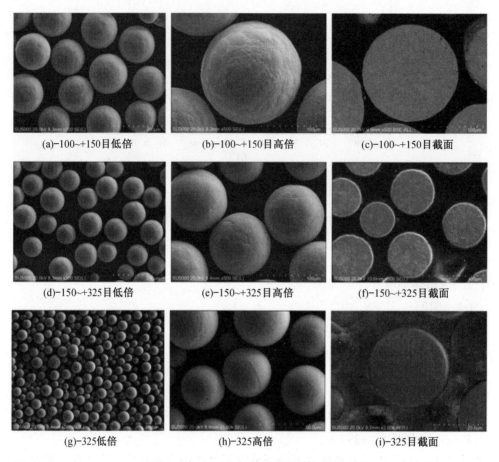

(a)-100~+150目低倍	(b)-100~+150目高倍	(c)-100~+150目截面
(d)-150~+325目低倍	(e)-150~+325目高倍	(f)-150~+325目截面
(g)-325低倍	(h)-325高倍	(i)-325目截面

图5-29　32 000 r/min 制得粉末形貌

粉末中存在椭球形颗粒的原因在于,PREP制粉过程中,旋转的阳极合金棒熔化后在料棒边缘形成液膜区,该区内的合金液在离心力作用下随机飞溅出去,一种形成细小的个体液滴,飞行过程中受表面张力的作用逐渐球化后凝固;另一种则被甩成片状液滴,最终形成图5-29(g)所示的梨形颗粒。与粉末内部组织存在区别的原因相同。造成不同粒径粉末表面形貌区别的原因在于,金属液滴凝固成粉末过程中的冷速区别。对于大粒径粉末而言,由于冷速较慢,不同区域形成一次晶和二次枝晶,枝晶之间相互堆叠会形成典型 α_2 基体相和 γ 第二相,此结果进一步验证了前述粉末 XRD 分析结果。而对于小粒径粉末而言,由于冷速快,晶粒来不及长大,使得粉末表面的组织细化,组织尺寸明显减小,颗粒表面光滑。钛铝合金粉末表面形貌由制粉过程中,液滴冷却凝固时的形核率和凝固速率决定。当液滴体积很大时,表面张力较小,此时球化速率降低,冷却速率小,形核率低,导致晶粒长大并产生二次枝晶,形成具有凝固缩孔缺陷的粗糙表面颗粒;反之,液滴体积较小时,颗粒表面区域过冷度大,表面张力高,形核率高,晶粒来不及长大,就已经凝固,使得粉末表面形成光滑组织。图5-30为PREP制得粉末EDS分析结果。由图可见,粉末中Ti、Nb和Gr相对均匀,而Al元素存在偏析现象。根据Al元素分布状态可以确定粉末中不同位置合金相组成,如图5-30(b)所示。

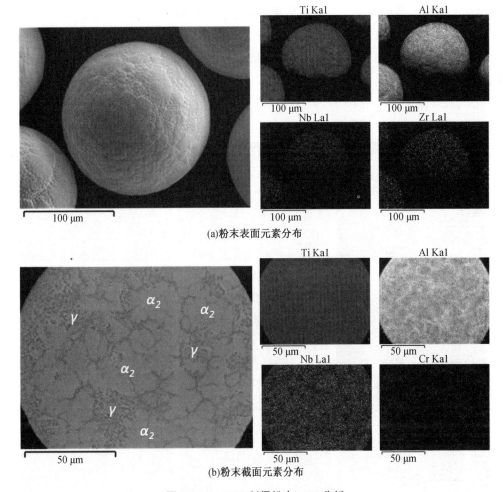

(a)粉末表面元素分布

(b)粉末截面元素分布

图 5-30　PREP 制得粉末 EDS 分析

　　粉末中合金元素含量见表 5-1 所示。由表可见,采用 PREP 制备的合金中各种合金元素含量均符合牌号要求,不存在合金元素损失现象。元素含量稳定是后续进行 3D 打印成形、以及保证成形材料具有优异性能的前提要求。

表 5-1　PREP 制得粉末合金元素含量

元素	表观浓度	质量分数/%	质量分数/% Sigma	原子百分数%
Al	34.08	33.47	0.04	48.16
Ti	66.20	59.02	0.05	47.84
Cr	2.62	2.61	0.02	1.95
Nb	4.14	4.89	0.05	2.04
总量	—	100.00	—	100.00

　　转速是制备球形钛铝合金粉末的重要技术参数。图 5-31 是相同电流强度、不同转速下制得的 Ti4822 粉末的形貌。由图可见,转速越高,粉末颗粒大小越均匀,单颗粉末的球形

度也越高。但是提高转速对于粉末表面形貌基本没有影响。不同尺寸的粉末颗粒表面凝固组织也不同，-100~+150 目筛分级的较大尺寸粉末颗粒表面以较细的树枝晶为主，有明显二次晶轴；-150~+325 目的中等尺寸粉末颗粒表面为等轴胞状晶，各个胞状晶内部为均匀细小的微晶组织；当颗粒尺寸进一步减小至-325 目筛分级时，胞状晶消失，全部为均匀的微晶组织，在表面张力作用下会形成具有光滑表面的球形颗粒。

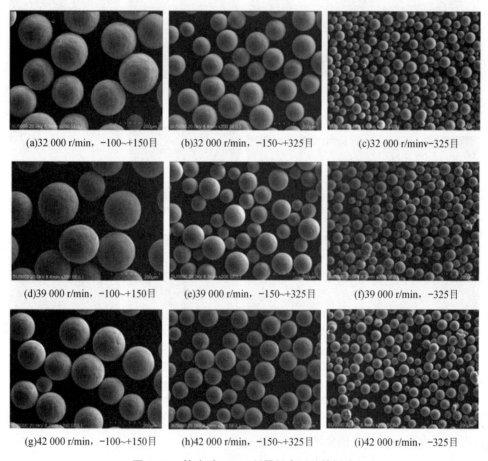

(a)32 000 r/min，-100~+150 目　　(b)32 000 r/min，-150~+325 目　　(c)32 000 r/minv-325 目

(d)39 000 r/min，-100~+150 目　　(e)39 000 r/min，-150~+325 目　　(f)39 000 r/min，-325 目

(g)42 000 r/min，-100~+150 目　　(h)42 000 r/min，-150~+325 目　　(i)42 000 r/min，-325 目

图 5-31　转速对 670 A 制得粉末形貌的影响

图 5-32 为采用不同电流强度制备粉末形貌的照片。由图可见，随着电流强度升高，粉末直径减小，同时表面变光滑。由图 5-29 粉末横截面照片可见，颗粒内部为胞状等轴晶组织；而且随着电流强度升高，粉末内部 γ 相数量增加，这也与表 5-1 统计数据相吻合。同时，由图 5-33 可见，由 100~+150 目粗粉，到-325 目细粉，随着粉末颗粒尺寸减小，粉末颗粒凝固组织从以树枝晶为主，逐渐转变为长大的胞状晶组织，最后到微晶组织为主，显微组织明显细化，并可以发现粉末颗粒内部多点形核特征。由图 5-33 可见，在细粉末颗粒中（图 5-33(d)(e)和(f)）基本上以微晶凝固组织为主，没有胞状晶和树枝晶晶粒；在较细粉末颗粒中以等轴晶组织长大为主，随着颗粒尺寸继续增加也会出现胞状晶组织；在较粗粉末颗粒内部则以二次枝晶发达的树枝晶为主。同时随着粉末颗粒尺寸的增加，内部显微组织不均性进一步增加，在粉末边缘出现细小等轴胞状晶，而颗粒内部则是具有二次枝晶的树枝晶。

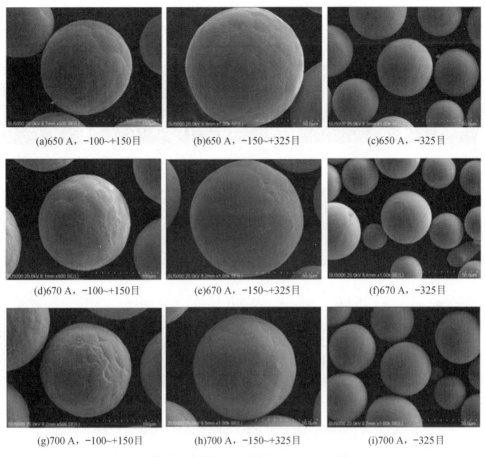

(a)650 A，−100~+150目　　(b)650 A，−150~+325目　　(c)650 A，−325目

(d)670 A，−100~+150目　　(e)670 A，−150~+325目　　(f)670 A，−325目

(g)700 A，−100~+150目　　(h)700 A，−150~+325目　　(i)700 A，−325目

图 5-32　等离子体电流强度对 42 000 r/min 制得粉末形貌的影响

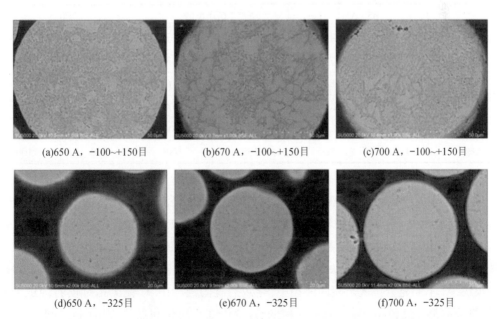

(a)650 A，−100~+150目　　(b)670 A，−100~+150目　　(c)700 A，−100~+150目

(d)650 A，−325目　　(e)670 A，−325目　　(f)700 A，−325目

图 5-33　等离子体电流强度对 42 000 r/min 制得粉末截面形貌的影响

图 5-34 为不同粉末截面合金元素分布情况，由图可见各种合金元素分布较均匀，结合

表 5-2 中数据,在本研究采用的电流强度下制粉,未发生合金元素挥发损失现象。

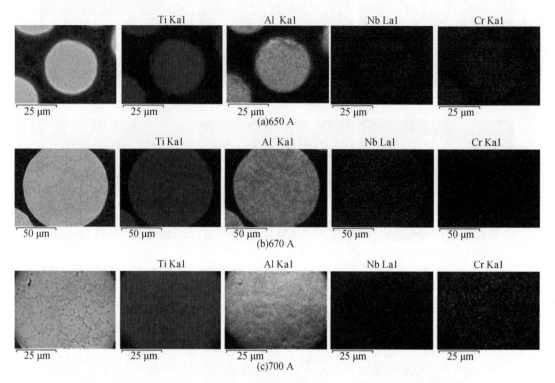

图 5-34　等离子体电流强度对 42 000 r/min 制得粉末截面元素分布的影响

表 5-2　电流强度对合金元素含量的影响

元素	650 A		670 A		700 A	
	质量分数/%	原子百分数/%	质量分数/%	原子百分数/%	质量分数/%	原子百分数/%
Al	32.70	47.40	33.63	48.32	34.23	49.37
Ti	59.09	48.26	58.91	47.68	56.48	45.89
Cr	2.67	2.01	2.68	2.00	2.60	1.94
Nb	5.54	2.33	4.78	2.00	6.69	2.80
总量	100	100	100	100	100	100

综上,对于大粒径粉末,其液滴的冷却速率较慢,粉末经液相→β 相→α 相转变,并将 Al 排入未凝固液相中,导致后凝固液相 Al 偏聚,一部分 Al 偏聚的液相经包晶反应 L+α→γ 相变,转变为 γ 相,呈线状在两 α 相之间分布;另一部分 Al 偏聚的液相,在多 α 相之间经 L→ γ 相变,直接转变为 γ 相,呈大块状在多 α 相之间分布。而对于小粒径粉末,其液滴的冷却速率很快,Al 不能充分排入未凝固液相中,导致后凝固液相中 Al 偏聚相对较弱,Al 含量较低,最终基本都是经包晶反应 L+α→γ 相变,转变为细小块状和点状,在 α 相之间分布。高温无序 α 相最终又转变为低温稳定 α_2 相。进一步对钛铝合金粉末进行低倍 TEM 表征,结果如图 5-35 所示,其中图 5-35(a)为粉末内部明场像,图 5-35(b)为暗场像。由图可见,

钛铝合金粉末主要由 α_2 相和 γ 相组成,这与 XRD 分析结果相同。

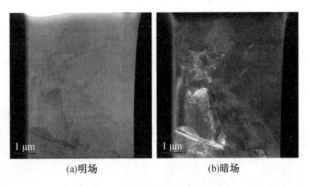

(a)明场　　　　　　　　　　(b)暗场

图 5-35　钛铝粉末低倍 TEM

在高倍 TEM 观察下发现(图 5-36),钛铝合金粉末内部 α_2+γ 层片的平均厚度约为 0.2 μm;γ 层片结构的尺寸很小,约为 20 nm,如图 5-36(a)所示。图 5-36(c)是粉末内部网状组织的 TEM 形貌,由图可见网状组织的结构形貌不规则,选区衍射证明在观察区域合金组织中存在较多的 γ 相,但 γ 相的形貌不明显,但衍射斑点表明存在 γ 相的孪晶结构。此外粉末内部存在大量线性位错,并且位错发生缠结并形成位错墙,如图 5-36(d)所示。

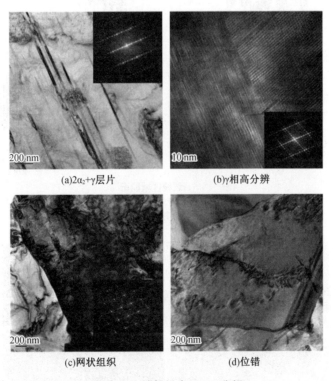

(a)2α_2+γ 层片　　　　　　　　　　(b)γ 相高分辨

(c)网状组织　　　　　　　　　　(d)位错

图 5-36　钛铝粉末 TEM 分析

图 5-37 为钛铝合金粉末内部析出相形貌及结构分析。由图 5-37(a)可见,析出相在粉末内部为不规则形状,长轴为 200 nm,短轴为 50~100 nm;其界面为阶梯状并与基体合金

结合良好,如图 5-37(b);能谱分析表明,析出相中主要含有 Ti、Cr 和 Nb 三种元素;进一步进行电子衍射分析表明钛铝合金粉末内的析出相为 Laves 相 $NbCr_2$。同时由图 5-38 可见,析出相内部各元素分布均匀。

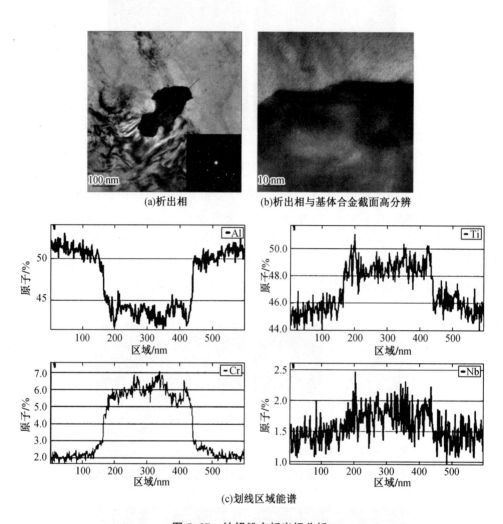

(a)析出相 (b)析出相与基体合金截面高分辨

(c)划线区域能谱

图 5-37 钛铝粉末析出相分析

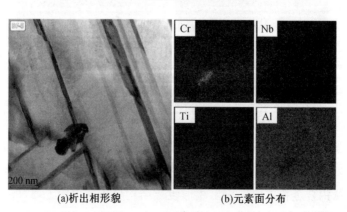

(a)析出相形貌 (b)元素面分布

图 5-38 析出相元素分析

5.1.4　PREP 制备技术对钛铝合金粉末性能的影响

1. PREP 制备技术参数对粉末密度的影响

图 5-39 和图 5-40 分别分析了 PREP 制粉过程中,电极棒转速及等离子体发生器电流强度对粉末松装密度和振实密度的影响。由图可见,随着电极转速和电流强度升高,粉末松装密度及振实密度均有微弱提高,但是提高水平不高。这是因为在本研究中,由于钛铝合金密度较低,导致转速对粉末粒度的影响不大。而粉末密度直接受到其粒径分布的影响,粒径越小球形度越高,其密度越低。因此图中-150～325 目粉末的松装密度和振实密度要明显高于-100～+150 目粉末。

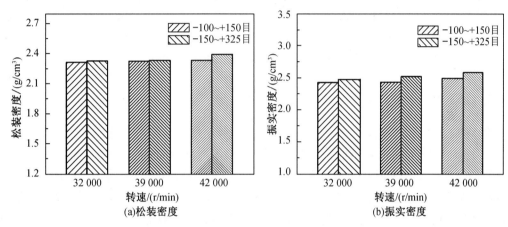

图 5-39　电极棒转速对粉末密度的影响

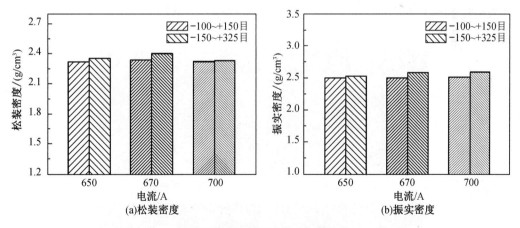

图 5-40　电流对粉末密度的影响

2. PREP 制备技术参数对粉末流动性的影响

钛铝合金粉末的流动性是影响电子束打印钛铝合金部件质量的重要因素。粉末的性能,如球形度、流动性的优劣,直接影响粉床打印中最终打印件的品质。因此,粉末制备过程中,研究制备工艺对钛铝粉末的流动性进行评价非常重要。图 5-41 分析了 PREP 制备钛铝合金粉末过程中,电极棒转速及等离子体发生器电流强度对粉末流动性的影响。由图可见,随着电极棒转速提高,粉末球形度提高,致使其流动性变好;同时,粉末粒径越小,其流动性越差;但是也可以发现等离子体发生器电流强度升高对改善粉末流行性作用不大。

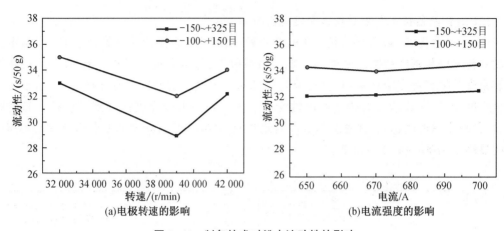

(a)电极转速的影响　　　　(b)电流强度的影响

图 5-41　制备技术对粉末流动性的影响

5.1.5　钛铝合金杂质元素分析

图 5-42 为 PREP 制备的钛铝合金粉末夹杂物分析的光学照片。由图可见粉末中未发现夹杂物,具有较高的纯度。进一步对粉末中氧、氮等元素分析结果如表 5-3 所示。PREP 法制备的钛铝合金粉末具有极低的氧、氮含量,其中氧含量均在 0.9% 以下。但是对于不同粒径粉末而言,其氧含量略有不同,粉末越细,氧含量越高。这是因为,钛是一种活泼的金属,极易与氧发生化学反应,引起合金的氧化。粉末越细,其表面积越大,对氧元素的吸附能力越强,因此导致氧含量受粉末尺寸变化影响更为明显。而另一方面,钛与氮元素在一般情况下不容易发生化学反应,因此氮含量对金属粉末粒径变化的影响不是很明显。

(a)区域1未夹杂　　　　(b)区域2未夹杂

(c)区域3未夹杂　　　　(d)区域4未夹杂

图 5-42　-150~+325 目粉末夹杂物分析

表 5-3　钛铝粉末氧氮含量

筛网目数	氧含量/%	氮含量/%
+100 目	0.083	<0.005
−100~+150 目	0.068	<0.005
−150~+325 目	0.070	<0.005
−325 目	0.087	<0.005

用等离子旋转电极法制备的粉末颗粒表面活泼,在实验过程中暴露于空气中迅速吸附了氧气等有害杂质,粉末越细,其比表面积越大,吸附的氧气越多,导致氧元素质量分数增大幅度越大;而氮气在室温下对钛合金并不敏感,其质量分数没有明显的变化。所以粉体的转运、封装尽量在高纯惰性气氛保护下进行。

5.2　真空感应熔炼气雾化法制备钛铝合金粉末

本节采用现有 EIGA 法制粉设备,基于真空感应熔炼气雾化技术研发高端钛铝合金粉末,可有效提升钛铝合金电子束增材制造成形质量。通过气雾化流场控制保证雾化制粉过程持续、稳定进行,提高雾化制粉效率和粉末性能。研究合金原料配比对钛铝合金粉末组织性能的影响。研究雾化粉末的粘连团聚控制和快速冷却技术,避免雾化液滴二次粘连团聚,减少卫星粉和不规则颗粒粉末数量。重点研究雾化粉末粒径、含氧量、流动性、夹杂物、热诱导孔洞、原始粉末颗粒边界物等关键参数对成形部件的影响,并反向优化粉末制备工艺,揭示粉末性能与制备工艺的相关性,建立具有应用价值的"成分-工艺-性能"粉末设计准则,为钛铝合金粉末和增材制造零件在航空航天及其他领域的工程化应用奠定基础。图 5-43 为研究的主要流程图。

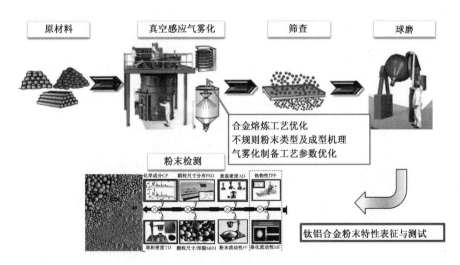

图 5-43　真空感应熔炼气雾化法制粉流程

5.2.1　合金元素配比

电子束选区熔化具有高能量利用率,高真空环境及粉末床能预热至 1 000 ℃以上等特点,可以有效避免钛铝合金出现裂纹和氧化现象。但电子束选区熔化会产生元素挥发,严重时会改变合金粉末的元素成分。本研究基于电子束选区熔化工艺对 Ti4822 钛合金铝元素损失挥发情况影响进行研究,对 Al 元素进行增量,以制备出适用于电子束打印成形用高品质球形钛铝合金粉末。

表 5-4 为文献报道的,采用不同成分粉末进行电子束打印后元素损失情况。由其中数据可见,电子束打印过程中主要是 Al 和 Nb 元素发生损耗。TiAl 合金力学性能和显微组织受 Al 含量的影响严重,而高温抗氧化性能则受到 Nb 含量的影响。但 Al 和 Nb 在液态真空环境下又是易挥发元素,因而会在粉末制备的金属液滴快速凝固过程中从液体表面挥发,造成最终制备的钛铝合金粉末中 Al 和 Nb 的含量不足、成分偏析等问题。本研究针对易挥发损耗合金元素进行增量处理,通过采用中间合金元素配比法取代预合金棒材的熔炼工艺,降低制粉生产成本;并在感应熔炼过程中通过搅拌实现熔体成分均匀化。同时该工艺还可以保证最终粉末产品,在化学稳定性及组织均匀性方面的批次稳定性。

表 5-4　钛铝合金电子束打印前后元素元素含量对比

	百分数类型	Al	Cr	Nb	Ti
钛铝粉末	质量分数/%	32.7	2.73	5.01	余
	原子百分数/%	46.43	2.00	2.06	余
成形后材料	质量分数/%	25.18	2.28	5.08	余
	原子百分数/%	38.83	1.82	2.27	余
差值	质量分数/%	−7.52	−0.45	0.07	余
	原子百分数/%	−7.6	−0.18	0.21	余
钛铝粉末	质量分数/%	34.45	2.65	4.87	余
	原子百分数/%	49.27	1.97	2.02	余
成形后材料	质量分数/%	32.83	2.62	4.98	余
	原子百分数/%	47.43	1.97	2.09	余
差值	质量分数/%	−1.62	−0.03	0.11	余
	原子百分数/%	−1.84	0	−0.07	余

根据目标合金成分标准,结合上述元素损耗分析,在 EIGA 粉末制备中增加相应 Al 元素,计划成分如表 5-5 所示。采用中间合金元素配比法,合金配料量如表 5-6 所示。

表 5-5　EIGA 粉末设计成分表　　　　　　　　　单位:质量分数/%

编号	Al 元素增量	Al	Cr	Nb	Ti
1	标准成分范围	32~33.5	2.45~2.75	4.5~5.1	余
2	标准量	33.3	2.7	4.79	余
3	0.5%	33.8	2.7	4.8	余
4	2%	35.0	2.8	5.1	余
5	4%	36.9	2.7	4.89	余
6	8%	40.7	2.7	5	余

表 5-6　熔炼原料配料表　　　　　　　　　　　单位:kg

编号	Al 元素增量	AlNb60	Al	Cr	Ti
1	标准量	0.583	3.226	0.27	5.921
2	0.5%	0.584	3.276	0.27	5.872
3	2%	0.621	3.390	0.28	5.709
4	4%	0.595	3.587	0.27	5.544
5	8%	0.608	3.958	0.28	5.153

5.2.2　原料合金熔炼

合金熔炼过程中为了最大限度降低 Al 和 Nb 损耗,采用如图 5-1 所示原料铺层方法。图 5-44 为熔炼时原材料投料照片,将铝粉、AlNb 中间合金至于钛包套里的最底层,然后最上层放置 Cr 粉及余量海绵钛。由于试验过程中投料量仅约为 10 kg,而生产用钛包套尺寸过大,导致制粉过程中出现钛包套未完全熔化现象,如图 5-45 所示。后续在实际制粉过程中降低钛包套高度,并在熔炼过程中进行搅拌,以促进合金元素在金属熔液中的充分扩散。但是,该方法仍存在钛合金包套未熔现象,因此继续改进熔炼方案,最终采用海绵钛替代钛合金包套,并在熔炼过程中进行搅拌,以促进合金元素在金属熔液中的充分扩散。最终确定 EIGA 制粉技术参数:熔炼功率为 350 kW,石墨孔径为 4.5~6.0 mm,雾化压力为 4.0~5.0 MPa。

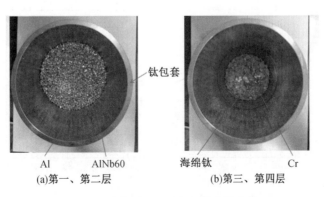

(a)第一、第二层　　　　　　(b)第三、第四层

图 5-44　熔炼时原材料自下而上摆放情况

图 5-45 未熔化钛合金包套

5.2.3 EIGA 法粉末组织性能分析

1. 粉末相结构分析

图 5-46 为 EIGA 法制备的不同 Al 含量钛铝合金粉末 XRD 分析结果。由图可见,采用 EIGA 法制备的钛铝合金粉末,主要由 γ-TiAl 和 α_2-Ti$_3$Al 组成,其中 α_2-Ti$_3$Al 占主要部分。随着粉末中 Al 元素含量增加,α_2-Ti$_3$Al 相在 32.89° 和 41.23° 的(001)和(111)峰值强度逐渐减弱,当 Al 含量质量百分比达到 35.0% 时,α_2-Ti$_3$Al(001)衍射峰消失;同时 γ-TiAl 相在 21.77° 和 31.61° 的(001)和(110)衍射峰逐渐加强。EIGA 法制备钛铝粉末时,采用惰性气体对金属液滴进行冷却,在高冷速下,液滴发生非平衡凝固,液相首先转化为 β 相,而后由 β 相转化为 α 相,最终高温 α 相转变为低温 α_2 相。γ 相则有两种转化方式,一种是高温 α 相与液相发生包晶反应转变为 γ 相;另一种是后凝固的高 Al 含量液相直接转化而来。液态金属中 Al 含量越高,越容易发生包晶反应,并且反应越充分;同时后凝固液相中 Al 偏析的程度越大,产生的 γ 相也越多。有研究表明,γ 相的含量受粉末尺寸影响很大,随着粉末尺寸的增加,γ 相的含量也会相应增加。粉末尺寸较小时,金属液滴冷速高,相变所需的扩散时间极短,导致 α_2 向 γ 相的转变不充分。当粉末尺寸大于 100 μm 时,在粗大粉末中,固相平均冷却速率低,固态相变所需的热力学和时间条件充分,γ 相可以从 α_2 相中充分析出。

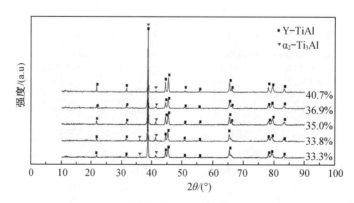

图 5-46 不同 Al 含量粉末 XRD

2. 粉末组织形貌分析

图 5-47 为采用 EIGA 法制备的不同 Al 含量粉末形貌。由图可见,EIGA 法制备钛铝合金粉末大多呈球形,少数为椭球形;并含有一定的卫星粉和空心粉,且空心合金粉末中存在闭合气孔和开口气孔两种气孔;随着 Al 含量升高,粉末形状更接近球形,卫星粉数量逐渐减少,但是仍含有空心粉,见图 5-47(e)。气雾化制粉过程中,金属液滴的粒径越小凝固速度越快,已经凝固的小粒径粉末在高速气流的冲击作用下与尚未凝固的大液滴碰撞,从而黏结在其表面,与其共同凝固,形成卫星粉。而在雾化时,金属液滴快速凝固球化过程中,往往包覆一定量氩气,导致粉末中形成气孔。卫星粉及气孔会影响粉末流动性及松装密度,最终导致钛铝合金构件力学性能下降。

有研究表明在 EIGA 法制备的粉末中,由于含有空心粉及闭孔缺陷,导致粉末含有惰性气体元素,惰性气体含量受粉末粒径的影响,粒径越大,所含惰性气体越多。闭合气孔主要存在于粒径较大的粉末颗粒中,说明在 EIGA 法制粉过程中,氩气较容易卷入大粒径粉末颗粒中,如图 5-47(f) 所示。在电子束打印成形过程中,由于带有气孔的粉末质量较轻,因而粉末内部的气孔会加重"吹粉"现象以及使成形件形成内部缺陷,因此空心粉对后续电子束打印成形过程及成形件的力学性能具有不利影响。随着粉末中 Al 元素含量增加,液态金属表面张力提高,越容易形成球形,使得粉末球形度进一步提高。

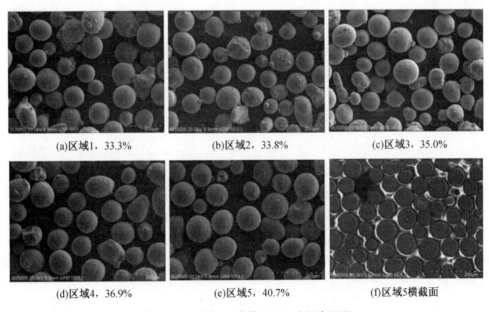

(a)区域1, 33.3%　　(b)区域2, 33.8%　　(c)区域3, 35.0%

(d)区域4, 36.9%　　(e)区域5, 40.7%　　(f)区域5横截面

图 5-47　不同 Al 含量 EIGA 法粉末形貌

研究发现,在雾化过程中,由于金属液滴受到气体压力、液体惯性力和表面张力等共同作用,破碎成小液片。如果液片的表面张力较大,则小液片球化为实心预合金粉末颗粒。若金属液片较大,表面张力较小,则小液片在气流冲击的作用下发生弯曲,从而导致氩气卷入而形成内部为球形的空心颗粒,因而液片较大时,表面张力较小,易弯曲形成空心粉。此外,金属液滴越小,其凝固速度越快,雾化气体对液滴的作用越小,因而越易形成实心粉末。因此,随着预合金粉末粒径增加,空心粉含量越高。

图 5-48 为钛铝合金粉末表面状态。从图中可以看出,TiAl 合金粉末表面和内部均为发达的近六边形树枝晶,且为胞状枝晶,近似等轴花瓣状,粉末的内部呈现网格状的微观组织表明粉末在成形过程中冷却速度很快。同时,网格的尺寸大约为 17 μm,并且网格尺寸不会随粉末的尺寸而发生明显的变化。在 EIGA 法制粉过程中,由于金属液滴处于急速冷却过程,因此晶体生长速度将成指数级的攀升,此时会出现树枝晶向胞状晶甚至胞状晶向平面晶形态转变,并且气雾化粉末随着尺寸的增加,组织形貌从平面晶生长,转变成胞晶生长,随着液滴直径的进一步增加,胞晶生长转变为树枝晶生长如图 5-48(f) 所示。

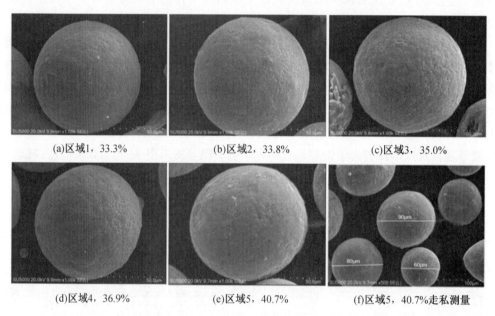

(a)区域1, 33.3%　　(b)区域2, 33.8%　　(c)区域3, 35.0%

(d)区域4, 36.9%　　(e)区域5, 40.7%　　(f)区域5, 40.7%走私测量

图 5-48　不同 Al 含量 EIGA 法粉末表面形貌

对粉末内部组织结构进行透射电镜观察,结果如图 5-49 所示。由图可见,观察范围内 EIGA 法粉末主要由 2 种衍射晶粒构成,分别对其进行衍射分析表明,观察视野内为取向不同的晶粒组成,该结果与前述 XRD 分析相同;根据衍射花样确定为 α_2-Ti_3Al 相,同时衍射斑点中还存在一套超点阵斑点,说明存在无序 α 相[图 5-49(d)];由晶界处高分辨像可见,在粉末内部晶界为共格界面,并且宽度约为 2 nm[图 5-49(c)]。雾化制粉过程中由于冷速极快,导致难以发生 $\alpha\rightarrow\alpha+\gamma\rightarrow\alpha_2+\gamma$ 相变。而 $\alpha\rightarrow\alpha_2$ 相变由于不存在合金元素含量的变化,使得该相变在极小的过冷度情况下就能发生,同时由于快速冷却过程,未发生相变的无序 α 相便被保留下来。

进一步对该区域进行合金元素分布分析,结果如图 5-50 所示。由图可见在区域 1 内 Al 和 Ti 元素浓度高于区域 2,但是其原子百分比仍接近 1:1,进一步说明在 EIGA 法粉末内部主要含有 γ-TiAl 相。此外在区域 1 内可以发现少量线性位错,位错形成于晶界处,并向晶粒内部扩展位错,且没有发生位错缠结。

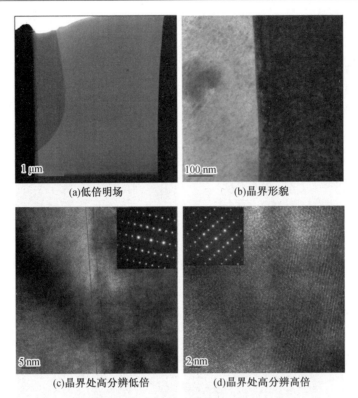

(a)低倍明场　　　　　　　(b)晶界形貌

(c)晶界处高分辨低倍　　　(d)晶界处高分辨高倍

图 5-49　EIGA 法粉末 TEM 观察

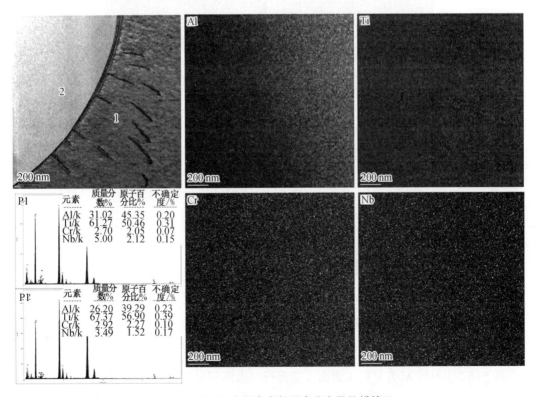

图 5-50　EIGA 法粉末内部元素分布及位错情况

与 PREP 粉末相似,在 EIGA 法粉末内部同样观察到形状不规则的析出相,进行能谱分析表明主要含有 Nb 和 Cr 元素[图 5-51(e)],衍射斑点分析表明为 $NbCr_2$ 相[图 5-51(b)];$NbCr_2$ 与 γ-TiAl 相界面结合良好[图 5-51(c)],宽度约为 2~5 nm。

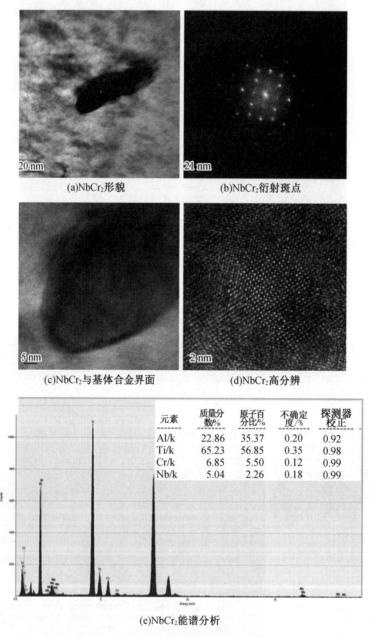

(a)NbCr₂形貌   (b)NbCr₂衍射斑点

(c)NbCr₂与基体合金界面   (d)NbCr₂高分辨

元素	质量分数/%	原子百分比/%	不确定度/%	探测器校正
Al/k	22.86	35.37	0.20	0.92
Ti/k	65.23	56.85	0.35	0.98
Cr/k	6.85	5.50	0.12	0.99
Nb/k	5.04	2.26	0.18	0.99

(e)NbCr₂能谱分析

图 5-51　EIGA 法粉末内部析出相

3. 粉末合金成分分析

图 5-52 为不同 Al 含量粉末表面元素分析。由图可见,各种合金元素均匀分布于粉末表面,没有发生合金元素偏聚现象,说明 EIGA 法可以制备成分均匀的钛铝合金粉末。各种粉末具体成分见表 5-7。可以发现,由于合金元素含量测量只是针对 50~70 μm 单一粉末

进行,导致合金成分与预期设计值存在一定正偏差,合金元素没有发生明显的损失现象。

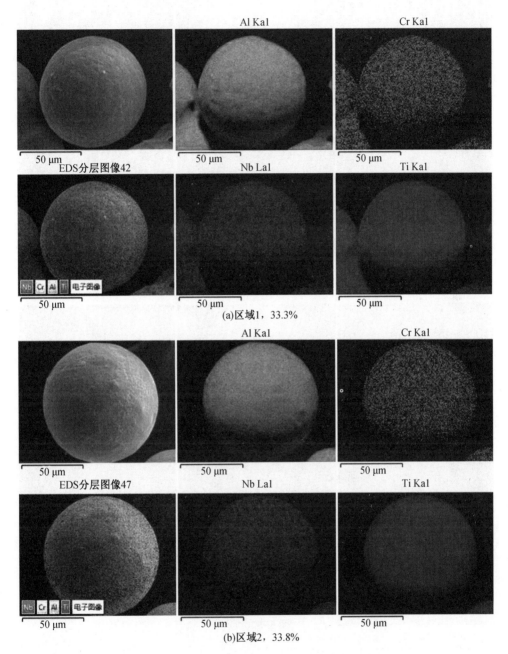

图 5-52　不同 Al 含量 EIGA 法粉末合金元素分布

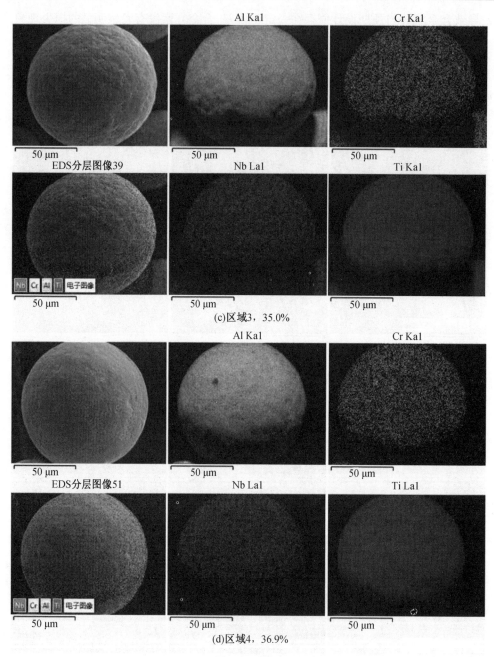

(c)区域3，35.0%

(d)区域4，36.9%

图 5-52(续)

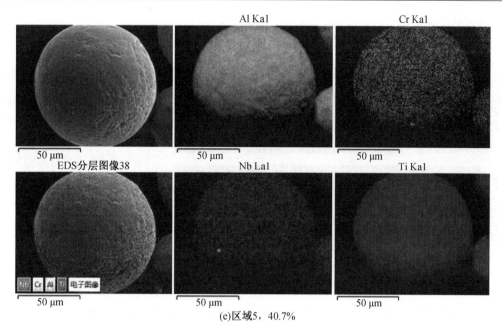

(e)区域5，40.7%

图 5-52(续)

表 5-7　粉末合金元素含量　　　　　　　　　　　　　单位:质量分数/%

编号	Al 元素增量		Al	Cr	Nb	Ti
1	标准量	设计含量	33.3	2.7	4.79	59.21
		实测值	38.00	2.99	3.49	55.52
2	0.5%	设计含量	33.8	2.7	4.8	58.7
		实测值	37.06	2.91	3.43	56.6
3	2%	设计含量	35.0	2.8	5.1	57.1
		实测值	39.64	3.06	3.65	53.11
4	4%	设计含量	36.9	2.7	4.89	55.51
		实测值	38.19	2.86	3.4	55.55
5	8%	设计含量	40.7	2.7	5.0	51.6
		实测值	39.48	2.72	2.8	55

图 5-53 为合金粉末内部 Ti、Al、Cr 和 Nb 元素含量沿合金粉末直径分布的情况。通过线扫描可见,Al 元素在颗粒表面含量稍低于内部,说明表面处 Al 元素存在一定程度的挥发。在颗粒内部,Ti、Al 元素含量曲线较为平直,没有明显波动,说明粉末颗粒内部 Ti、Al 元素均匀分布。Cr 和 Nb 元素含量曲线沿粒径均有微小波动,但是总体上变化不明显,说明 Ti、Al、Cr 和 Nb 元素在预合金粉末内部分布较为均匀。

4. 粉末粒度粒形分析

图 5-54 为 EIGA 法制备的钛铝合金粉末粒度分布情况。由图可见,采用气雾化法制备的金属粉末粒度呈现双峰,并且<10 μm 细粉峰值较高,说明 EIGA 法制备的钛铝合金粉末

中细粉含量更多。

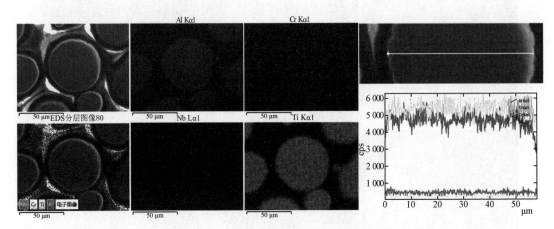

图 5-53　EIGA 法粉末截面合金元素分布

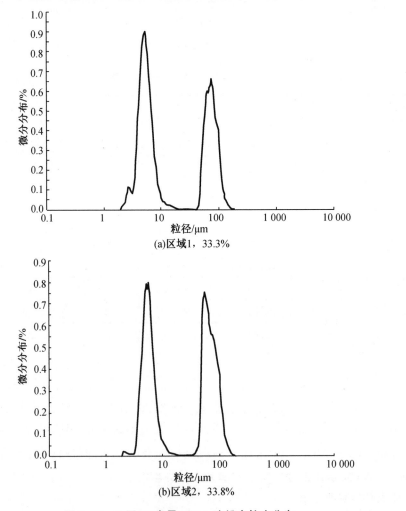

图 5-54　不同 Al 含量 EIGA 法粉末粒度分布

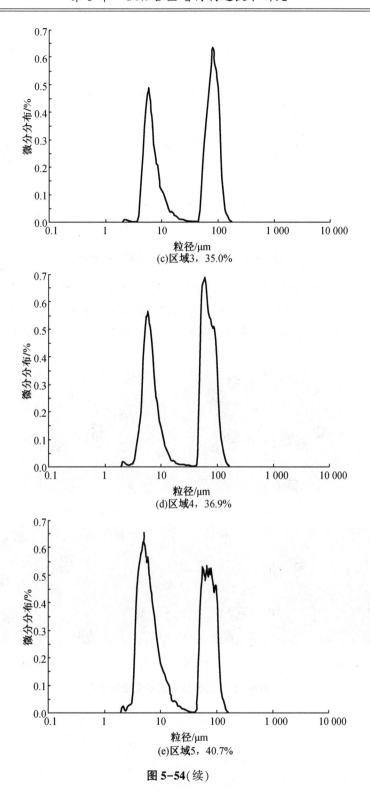

(c)区域3，35.0%

(d)区域4，36.9%

(e)区域5，40.7%

图 5-54(续)

　　图 5-55 对比分析了不同 Al 含量钛铝合金粉末粒径大小。由图可见，Al 含量对粉末 D_{10} 和 D_{90} 影响不明显，主要是影响粉末平均粒径 D_{50}，随着 Al 含量升高，D_{50} 呈现先上升后下降的趋势。

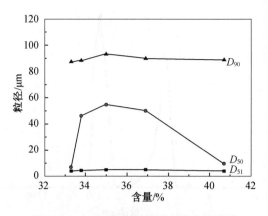

图 5-55 Al 元素含量对粉末粒度的影响

图 5-56 为粉末粒形分析的光学投影照片,与粉末 SEM 分析相似,可以看到雾化粉末中含有卫星粉。卫星粉的存在导致粉末粒径分布曲线出现双峰特征。由图 5-57 粉末球形度可见,Al 含量对 EIGA 法钛铝合金粉末没有明显影响,粉末平均球形度均在 90% 以上。

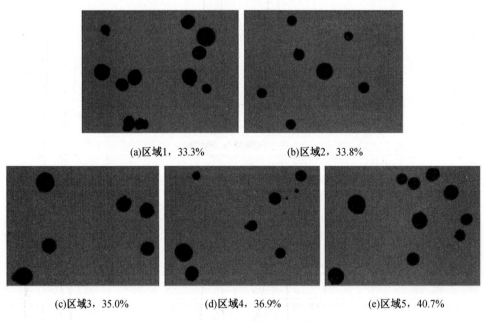

(a)区域1,33.3%　　　　　　(b)区域2,33.8%

(c)区域3,35.0%　　　　(d)区域4,36.9%　　　　(e)区域5,40.7%

图 5-56 不同 Al 含量粉末粒形分析

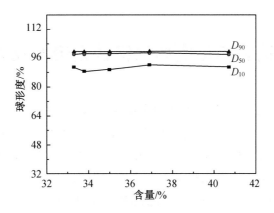

图 5-57 Al 含量对粉末球形度的影响

5. 粉末流动性分析

图 5-58 为 Al 元素含量对 EIGA 法粉末流动性的影响。由图可见,由于不同 Al 含量粉末粒径大小区别不明显,导致不同粉末的流动性差别也不明显,基本约在 32 s/50 g。

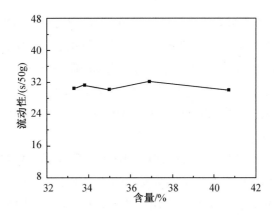

图 5-58 Al 元素含量对 EIGA 法粉末流动性的影响

6. 粉末杂质元素分析

表 5-8 列出了不同 EIGA 法粉末氧氮含量情况。由数据可见 EIGA 法制备的钛铝合金粉末具有极低的氧含量和氮含量。粉末氧氮含量会影响后续 3D 打印构件的性能。氧氮含量越低,其成形构件的性能越好。

表 5-8 EIGA 法粉末氧氮含量 单位:%

编号	Al 元素增量	氧含量	氮含量
1	标准量	0.055	0.005
2	0.5%	0.045	0.003
3	2%	0.047	0.005
4	4%	0.053	0.008
5	8%	0.045	0.005

5.3 电子束选区熔化成形钛铝合金组织及力学性能研究

TiAl 合金制备方法包括铸造法、粉末冶金法及增材制造方法。传统铸造法制备的铸态 TiAl 基合金在凝固过程中会形成粗的柱状组织,晶粒尺寸大且不均匀,导致室温塑性低。所以,需要采用适当的热处理技术调整其微观组织,来改善和提高其综合力学性能。Lapin 等采用真空感应熔炼,离心铸造法制备了名义成分为 Ti-42.6Al-8.7Nb-0.3Ta-2.0C 和 Ti-41.0Al-8.7Nb-0.3Ta-3.6C(at.%)的两种 TiAl 基合金。合金组织由 α_2(Ti$_3$Al)+ γ(TiAl)片层状晶粒、单 γ 相、粗大的 Ti$_2$AlC 颗粒和不规则形状的 α_2 相组成。Guo 等采用感应熔炼的方法制备了 Ti-48Al-2Cr-2Nb(Ti4822)、Ti-48Al-2Cr-2Nb-0.05 Y$_2$O$_3$(Ti4822-Y$_2$O$_3$)、Ti-48Al-6Nb(T486)和 Ti-48Al-6Nb-0.05 Y$_2$O$_3$(T486-Y$_2$O$_3$)的 TiAl 合金,然后在 950 ℃下退火 36 h。结果显示,在 TiAl 合金中添加 Y$_2$O$_3$ 可以明显细化晶粒,显著提高抗拉强度和伸长率。

粉末冶金方法制备的 TiAl 基合金,克服了传统制造方法产生的铸造缺陷,可以获得均匀细小的显微组织,极大地改善了构件的力学性能。同时,粉末冶金过程中可以添加其他合金元素,实现 TiAl 基合金的合金化。与传统制造方法制备的 TiAl 基合金相比,粉末冶金法制备的 TiAl 基合金具有较高的加工硬化率,这主要是由于其晶粒细化和含氧量高所致。Ooyang 等采用粉末冶金技术制备的 Ti-47Al-2Nb-2Cr-0.2W 合金具有良好的冲击性能,适用于高温和高冲击领域。

TiAl 基合金增材制造方法主要包括 LMD、EBSM 和 SLM 等。增材制造可以成形任意形状的构件,在较短的周期内可以制备出形状复杂的 TiAl 构件,且成形的 TiAl 基合金组织致密,力学性能优良。SLM 成形的 TiAl 合金组织致密,成形件在上表面呈细小等轴晶,而在侧面呈柱状晶,但极高的冷速使得 TiAl 合金容易产生裂纹。EBM 技术制备的 TiAl 合金杂质(氧、氮)含量低、无裂纹、孔隙率低、致密度可达98%以上。然而,EBM 成形时能量较高时,Al 元素容易挥发,致使合金成分改变,从而影响合金的性能。本节采用 PREP 制备的 TiAl 粉末进行 EBSM 成形,研究成形技术对材料组织性能的影响。

5.3.1 EBSM 技术对 TiAl 合金组织的影响

技术参数在 EBSM 成形 TiAl 合金过程中,对显微组织和力学性能具有重要的影响。由于 EBSM 技术是一种"点-线-面"三维累积叠加的成形思路,其致密化行为受到多个加工参数的影响,由点到线的过程与电子束束流和扫描速度两个参数有关;由线到面与扫描间距有关;由面到体与粉层厚度有关,因此 EBSM 的主要技术参数包括:电子束束流(I),扫描速度(v),扫描间距(d)和粉末层厚度(h),它们对材料最终的组织及性能均具有重要影响。为了便于比较,通常用"体能量密度"简称能量密度,作为一个主要指标,用来比较不同技术参数下制备的成形件的成形质量,将其与之关联后,可发现在某一能量密度范围内,最终的致密度达到最高。能量密度 E_v 是一个重要的、综合主要技术参数后的参数,其表达式为

$$E_v = \frac{UI}{vdh} \tag{5-9}$$

式中　U——电子束电压（60 kV）；

$\quad\quad\;\; I$——电子束束流强度；

$\quad\quad\;\; v$——扫描速度；

$\quad\quad\;\; d$——粉层厚度；

$\quad\quad\;\; h$——扫描间距。

　　能量密度为电子束功率和扫描速度、线间距与粉层厚度的比值，其表示在单位体积粉床内所输入的能量。可以看出，提高电子束束流强度，或者降低扫描速度、扫描间距以及粉层厚度，均能够提高能量密度，增加能量输入。表 5-9 为本研究采用的 EBSM 成形技术参数。

表 5-9　粉床电子束 3D 打印成形主要技术参数

工艺编号	扫描电流 /mA	扫描速率 /(m/s)	扫描间距 /mm	粉末层厚 /mm	能量密度 /(J/mm³)
1	12.5	4.5	0.1	0.05	33.33
2	11.5	4	0.1	0.05	34.50
3	14.5	4.5	0.1	0.05	38.67
4	13.5	4	0.1	0.05	40.50

1. EBSM 成形 TiAl 合金相结构

　　图 5-59 为不同 EBSM 技术成形钛铝合金 XRD 衍射图。由图可见，采用 EBSM 成形的 TiAl 合金衍射峰均由 γ 相、α_2 相和少量 B2 相组成。当扫描速率为 4.0 m/s 时，电子束的束流强度越高，γ(111) 衍射峰越强；而采用 4.5 m/s 速率扫描时，结果相反；当采用 13.5 mA，4.0 m/s，40.50 J/mm³ 成形时，明显出现 α_2 相，并且可以观察到 B2 相衍射峰。由此说明，随着束流升高 α_2 相含量增加；同时，由图 5-60 可见，α_2 相主要集中在晶界附近。

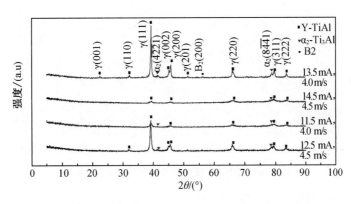

图 5-59　EBSM 技术对钛铝合金 XRD 衍射图的影响

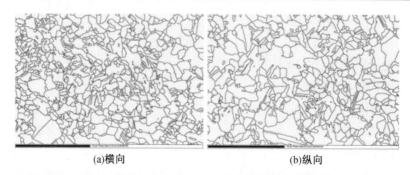

(a)横向　　　　　　　　　　　　　　(b)纵向

图 5-60　14.5 mA,4.5 m/s,38.67 J/mm³ 钛铝合金相组成影响 EBSM 分析

2. EBSM 成形 TiAl 合金微观组织

图 5-61 为 EBSM 技术对钛铝合金孔隙缺陷的影响情况。由图可见,采用 12.5 mA, 4.5 m/s,33.33 J/mm³ 技术打印的钛铝合金中,存在大量孔隙缺陷[图 5-61(a)],随着打印能量密度升高,孔隙数量逐渐降低;采用 14.5 mA,4.5 m/s,38.67 J/mm³ 打印的钛铝合金中基本观察不到孔隙[图 5-61(c)]。由此可见,材料内部孔隙随着打印能量密度上升,逐渐减少直至消失。这是因为随着能量密度上升,金属粉末熔化更加充分相互浸润,有利于提高组织均匀性和致密性。

图 5-62 和图 5-63 分别为 EBSM 技术对钛铝合金金相组织及 SEM 组织的影响情况。由图 5-62 可见,电子束选区熔化成形制备的钛铝合金主要由双态组织组成,其中等轴 γ 相含量较多,而片层组织景图案含量少。相同扫描速率情况下,电子束束流强度越高,晶粒越粗大,α_2 相越多。此外,能量密度对钛铝合金组织也存在明显的影响。由图 5-63 可见,随着电子束束流及能量密度升高,材料组织逐渐粗大。

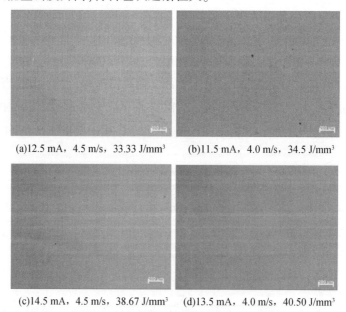

(a)12.5 mA，4.5 m/s，33.33 J/mm³　　　(b)11.5 mA，4.0 m/s，34.5 J/mm³

(c)14.5 mA，4.5 m/s，38.67 J/mm³　　　(d)13.5 mA，4.0 m/s，40.50 J/mm³

图 5-61　EBSM 技术对钛铝合金孔隙的影响

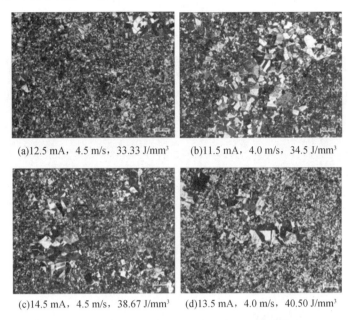

(a)12.5 mA，4.5 m/s，33.33 J/mm³　　　(b)11.5 mA，4.0 m/s，34.5 J/mm³

(c)14.5 mA，4.5 m/s，38.67 J/mm³　　　(d)13.5 mA，4.0 m/s，40.50 J/mm³

图 5-62　EBSM 技术对钛铝合金金相组织的影响

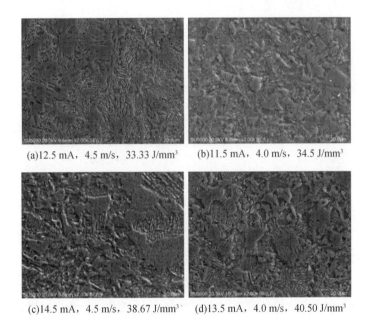

(a)12.5 mA，4.5 m/s，33.33 J/mm³　　　(b)11.5 mA，4.0 m/s，34.5 J/mm³

(c)14.5 mA，4.5 m/s，38.67 J/mm³　　　(d)13.5 mA，4.0 m/s，40.50 J/mm³

图 5-63　EBSM 技术对钛铝合金 SEM 组织的影响

　　进一步对采用电子束成形钛铝合金进行 TEM 分析,结果如图 5-64 所示。由图可见,钛铝合金微观组织为由典型细小片层组成的双态组织,其中 γ 相为等轴晶[图 5-64(a)],在其内部没有 α_2 相;α_2 相为不连续分布[图 5-64(b)],并且 α_2 相主要分布在晶界交汇处;此外在材料内部还观测到大量由热应力形成的位错,[图 5-64(c)]。进一步对等轴 γ 相区域进行暗场分析如图 5-65 所示。由图可见,在明亮的较宽片层 γ 相之间存在亮度较暗区域[图 5-65(a)],对其进行能谱分析发现主要含有钛和 Al 元素[图 5-65(b)],并且二者原子比接近 2:1,由此说明在等轴 γ 相之间存在规则分布的板条 B2 相。钛铝合金制备过程中,由于冷速较快,导致 α_2 相在向 γ 相转变过程中,转化未完全进而形成 B2 相。

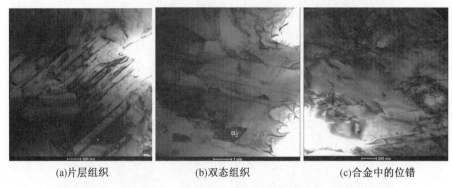

(a)片层组织　　　　　(b)双态组织　　　　　(c)合金中的位错

图 5-64　13.5 mA,4 m/s,40.5 J/mm³ 成形钛铝合金 TEM 组织

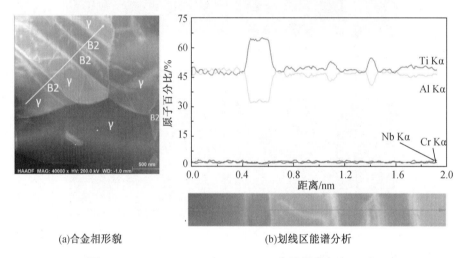

(a)合金相形貌　　　　　　　　(b)划线区能谱分析

图 5-65　13.5 mA,4 m/s,40.5 J/mm³ 钛铝合金中 B2 相

3. EBSM 成形 TiAl 合金元素分布

图 5-66 为钛铝合金内部合金元素分布情况,由图可见 Al、Nb 和 Cr 等合金元素在材料内部分布均匀,没有发生偏聚现象。同时由表 5-10 数据可知,采用 4.0 m/s 扫描速率成形时,随着束流强度升高,Al 元素含量下降,说明 Al 在成形过程中发生了损耗;但是当采用 4.5 m/s 扫描时,合金元素含量偏差不大。这是因为,一方面,在快速扫描过程中,不同工艺成形材料温度相差不大,元素挥发速度一致;另一方面,Al 元素含量也会受到能量密度影响,随着能量密度增加,Al 含量逐渐降低。能量密度越高,液态金属表面温度越高,Al 元素越容易挥发。此外根据表中数据,对比分析 PREP 制备粉末时合金棒料、粉末及电子束打印成形后材料合金元素含量可见,合金元素 Al 在不同阶段均存在挥发现象,但是本研究最终制备的打印成形件的元素含量,均满足牌号含量要求。

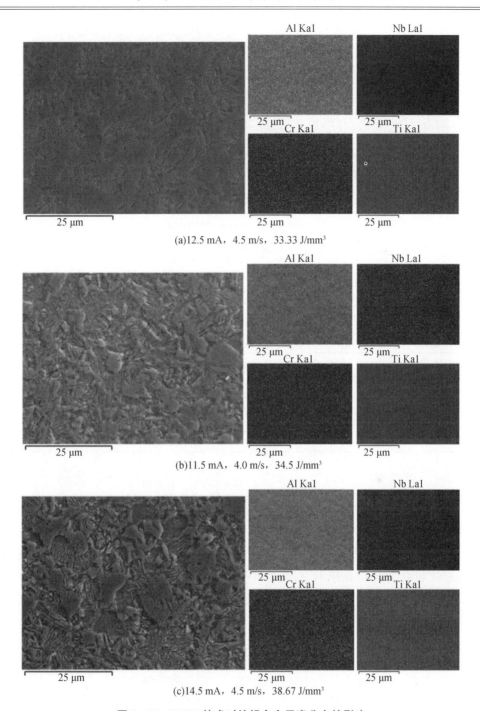

(a)12.5 mA，4.5 m/s，33.33 J/mm³

(b)11.5 mA，4.0 m/s，34.5 J/mm³

(c)14.5 mA，4.5 m/s，38.67 J/mm³

图 5-66　EBSM 技术对钛铝合金元素分布的影响

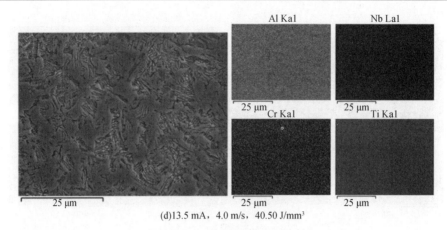

(d)13.5 mA，4.0 m/s，40.50 J/mm³

图 5-66（续）

表 5-10　打印技术对合金元素含量的影响

元素	棒料	粉末	12.5 mA,4.5 m/s, 33.33 J/mm³		11.5 mA,4.0 m/s, 34.50 J/mm³		14.5 mA,4.5 m/s, 38.67 J/mm³		13.5 mA,4.0 m/s, 40.50 J/mm³	
	wt. %	wt. %	wt. %	at. %	wt. %	at. %	wt. %	at. %	wt. %	at. %
Al	34.7	34.26	31.31	45.83	31.39	45.88	31.49	45.98	29.89	44.13
Ti	57.83	57.59	60.51	49.90	60.70	49.97	60.71	49.93	62.09	51.64
Cr	2.89	2.62	2.37	1.80	2.35	1.78	2.34	1.77	2.32	1.78
Nb	4.58	5.53	5.81	2.47	5.56	2.36	5.46	2.32	5.71	2.45
总量	100	100	100	100	100	100	100	100	100	100

5.3.2　EBSM 技术对 TiAl 合金力学性能的影响

1. EBSM 成形 TiAl 合金室温力学性能

图 5-67 为不同 EBSM 技术成形钛铝合金，室温下拉伸应力-应变曲线。由图可见，EBSM 成形钛铝合金拉伸变形时，以脆性断裂为主，缺少金属典型的屈服变形阶段。由图 5-68 合金断口扫描照片也可以发现，钛铝合金断口呈现典型的脆性断裂特征，没有韧窝和撕裂棱等。

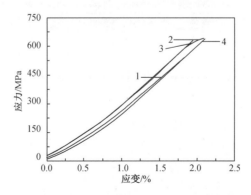

图 5-67　TiAl 合金纵向拉伸应力-应变曲线

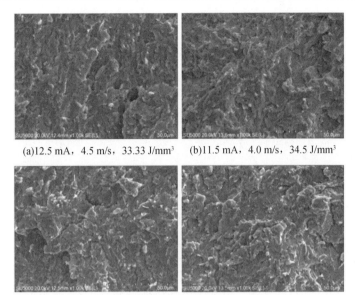

(a)12.5 mA，4.5 m/s，33.33 J/mm³ 　　(b)11.5 mA，4.0 m/s，34.5 J/mm³

(c)14.5 mA,4.5 m/s,38.67 J/mm³ 　　(d)13.5 mA,4.0 m/s,40.50 J/mm³

图 5-68　钛铝合金纵向拉伸断口

表 5-11 对比了不同技术下,钛铝合金的力学性能。由表中数据可见,能量密度对金属力学性能产生绝对影响,随着打印能量密度升高,钛铝合金力学性能呈现先升高后降低的特点。结合图 5-61 至图 5-63 组织分析,可知随着能量密度提高,钛铝合金中孔隙缺陷减少,随之力学性能提高;但是当能量密度过高时,合金中出现过烧及组织粗大现象,导致力学性能降低。本研究采用 34.50~40.50 J/mm³ 技术制备的钛铝合金构件,抗拉强度在 620 MPa 以上,最高可达 643 MPa;延伸率在 1.9%以上,最高可达 2.09%。

表 5-11　电子束成形钛铝合金力学性能

编号	打印技术	能量密度 /(J/mm³)	抗拉强度 /MPa	断后伸长率 /%
1	12.5 mA,4.5 m/s	33.33	541	1.82
2	11.5 mA,4.0 m/s	34.50	643	2.09
3	14.5 mA,4.5 m/s	38.67	628	1.94
4	13.5 mA,4.0 m/s	40.50	633	2.01

2. EBSM 成形 TiAl 合金高温力学性能

图 5-69 为不同温度下钛铝合金拉伸应力-应变曲线。由图可见,与室温拉伸不同,钛铝合金在 500 ℃以上出现明显塑性变形趋势,800 ℃以上塑性变形最为明显。

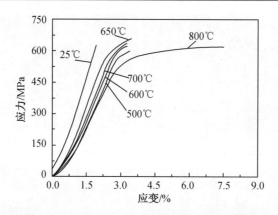

图 5-69　14.5mA,4.5m/s,38.67 J/mm³ 成形钛铝合金不同温度下拉伸曲线

由图 5-70 温度对钛铝合金力学性能影响可见,随着温度升高,钛铝合金抗拉强度呈现先升高后降低趋势,并在 650 ℃出现抗拉强度最高值;同时延伸率在 500～700 ℃仅略高于室温,而在 800 ℃时出现明显升高。以往大量的研究表明,材料高温强度增强与位错交滑移和 K-W 位错锁有关。对于钛铝合金而言,当温度在 400～800 ℃时,(001) 晶面内的 $1/2<1\bar{1}0>$ 在自身反相畴界约束下,难以发生滑动,形成 K-W 位错锁,进而导致钛铝合金高温力学性能提高。但是当温度超过 650 ℃时,由于高温给位错运动提供了激活能,使其重新发生滑移,进而会导致强度降低,延伸率增加。

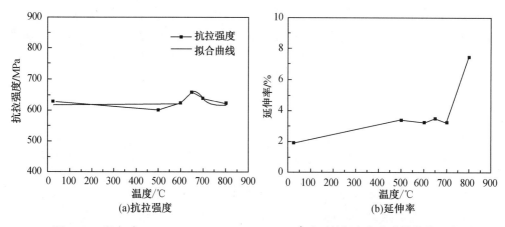

图 5-70　温度对 14.5 mA,4.5 m/s,38.67 J/mm³ 成形钛铝合金力学性能的影响

由图 5-71 钛铝合金在不同温度下拉伸断口可见,钛铝合金在室温下断口平齐而发亮,呈人字形河流状花样,并存在一定量解理断裂特征,说明此时材料为脆性断裂;随着温度升高,断口中河流状花样数量减少,出现沿晶断裂特征,说明随着温度升高,钛铝合金逐渐出现塑性变形,断裂也逐渐由脆性断裂向韧性断裂转变,并在 800 ℃时塑性达到最大值。

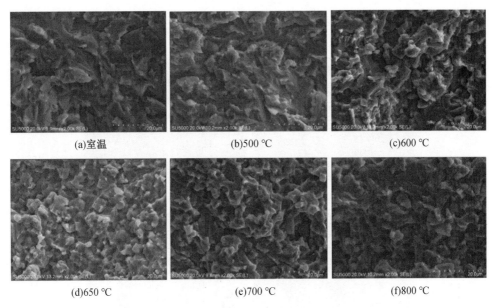

| (a)室温 | (b)500 ℃ | (c)600 ℃ |
| (d)650 ℃ | (e)700 ℃ | (f)800 ℃ |

图 5-71　钛铝合金不同温度下拉伸断口

图 5-72 为采用不同能量密度成形钛铝合金在 650 ℃下力学性能。由图可见,与图 5-70 中 40.5 J/mm³ 成形钛铝合金同样具有 650 ℃抗拉强度升高现象;同时与室温拉伸相同,成形能量密度越高,钛铝合金的高温力学性能越好,具有更高的强度和延伸率。图 5-73 为不同成形工艺钛铝合金拉伸断口形貌。由图可见,钛铝合金高温拉伸断裂出现金属塑性变形趋势。对比钛铝合金室温及 650 ℃拉伸断口形貌(图 5-73)可见,钛铝合金室温断口为脆性断裂特征,而在 650 ℃下断口形貌出现沿晶断裂特征。

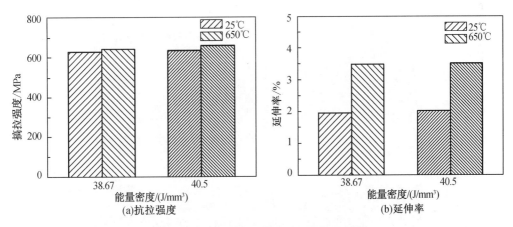

图 5-72　能量密度对高温力学性能的影响

5.3.3　EBSM 成形 TiAl 合金组织性能各向异性分析

EBSM 成形过程中,电子束加热粉末使其熔化,相互黏结,冷却后凝固形成固体块状材料试样。试样内部温度通过热扩散方式传导到底部基板,因此在材料建造方向上存在交替的自上而下的热流及温度梯度,这将对材料的组织及性能产生影响。之前的研究中讨论分析了材料纵向组织性能。本节分析讨论 EBSM 成形钛铝合金其他方向组织及力学性能。

(a)38.67 J/mm³，室温   (b)38.67 J/mm³，650 ℃

(c)40.5 J/mm³，室温   (d)40.5 J/mm³，650 ℃

图 5-73　能量密度对钛铝合金高温拉伸断口形貌的影响

1. EBSM 成形 TiAl 合金组织各向异性

图 5-74 为 EBSM 成形钛铝合金在不同方向上的金相组织。由图可见，与纵向组织差异性不大，低倍下均看到明显的双相组织。采用 EBSD 对钛铝合金进行晶粒尺寸分析，结果如图 5-74 所示。由图可见，与金相组织分析结果相同，横向与纵向晶粒尺寸差别不大。

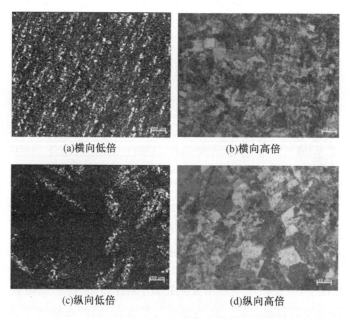

(a)横向低倍   (b)横向高倍

(c)纵向低倍   (d)纵向高倍

图 5-74　EBSM 成形钛铝合金不同方向金相组织

2. EBSM 成形 TiAl 合金力学性能各向异性

图 5-76 和图 5-77 为 EBSM 成形后钛铝合金在不同方向的力学性能。由图可见,本研究制备的钛铝合金横向与纵向力学性能相差不大。由图 5-74 和图 5-75 可知材料在不同方向组织形貌相差不大,导致其力学性能基本相似,各向异性不明显。结合图 5-78 不同方向拉伸断口可见,横向与纵向断口形貌区别不大,都呈现出脆性断裂特征,出现明显的河流状裂纹扩展形貌。

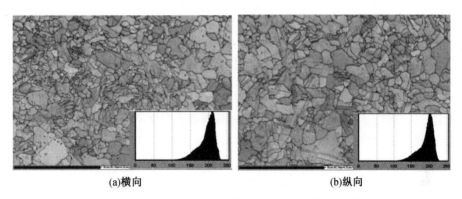

(a)横向　　　　　　　　　(b)纵向

图 5-75　EBSM 成形钛铝合金不同方向晶粒尺寸分析

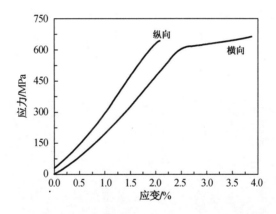

图 5-76　EBSM 成形钛铝合金不同方向拉伸曲线

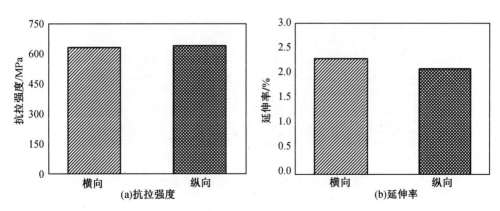

(a)抗拉强度　　　　　　　(b)延伸率

图 5-77　EBSM 成形钛铝合金不同方向力学性能

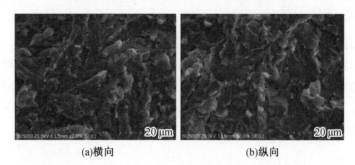

(a)横向   (b)纵向

图 5-78　EBSM 成形钛铝合金不同方向拉伸断口

5.3.4　后处理对 EBSM 成形 TiAl 合金组织性能的影响

如前所述,采用 EBSM 技术成形的 TiAl 合金一方面虽然具有较高力学性能,但是其塑性仍然很低;另一方面电子束打印成形过程中,材料内部也会聚集部分应力。为了解决上述问题,本研究采用热处理(HT:900 ℃/5 h)、热等静压(HIP:1 260 ℃,150 MPa/4 h)和热等静压加热处理结合(HIP+HT)等方式,既能降低材料内部应力,还能提高材料强度及断裂延伸率。

1. 后处理对 TiAl 合金组织的影响

图 5-79 为电子束打印后,经热等静压处理的不同方向钛铝合金金相组织。由图可见,HIP 处理后钛铝合金主要由 γ 相和 α_2 相组成,并且在纵向上的晶粒得到细化。但是当时继续对材料进行 900 ℃/5 h 的热处理后,无论 EBSM 合金还是 HIP 合金,其组织均存在粗大现象,如图 5-80 所示。

(a)EBSM横向   (b)EBSM纵向

(c)HIP横向   (d)HIP纵向

图 5-79　热等静压处理前后钛铝合金组织

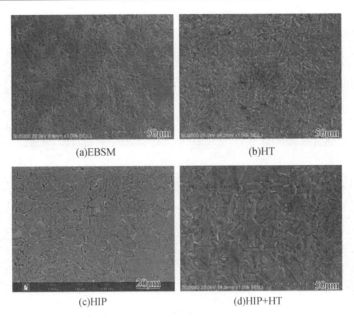

(a)EBSM　　　　　　　　　(b)HT

(c)HIP　　　　　　　　　(d)HIP+HT

图 5-80　后处理对钛铝合金组织影响

　　图 5-81 为不同后处理状态下,钛铝合金内部元素分布情况。由图可见随着热处理进行,HT 和 HIP+HT 钛铝合金均出现 Al 元素分布不均匀现象,说明后处理使得材料内部 Al 元素发生扩散有新相形成。进一步进行元素含量测定,如表 5-15 所示,热处理没有改变材料内部整体各个合金元素的含量。

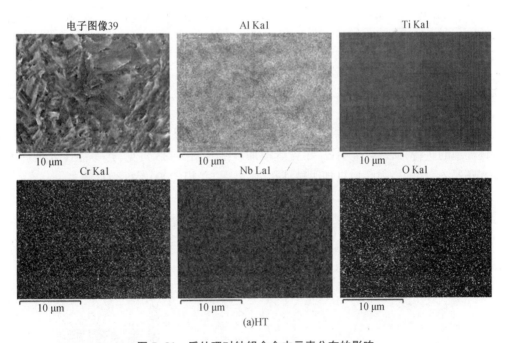

(a)HT

图 5-81　后处理对钛铝合金中元素分布的影响

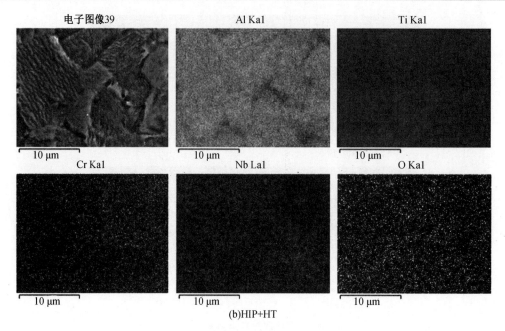

(b)HIP+HT

图 5-81(续)

表 5-12　后处理技术对合金元素含量的影响

元素	EBSM		HT		HIP		HIP+HT	
	wt. %	at. %	wt. %	at. %	wt. %	at. %	wt. %	at. %
Al	31.49	45.98	30.36	41.49	32.83	47.47	31.70	44.17
Ti	60.71	49.93	57.72	44.43	59.74	48.65	57.69	45.29
Cr	2.34	1.77	2.29	1.62	2.32	1.74	2.15	1.55
Nb	5.46	2.32	5.11	2.03	5.11	2.15	5.61	2.27
总量	100	100	95.48	89.58	100	100	97.14	93.29

　　本书进一步对不同状态钛铝合金进行 EBSM 分析,结果如图 5-82 所示。由图可见,随着后续处理的进行,钛铝合金中 α_2 相含量增加。结合图 5-83 可见,热等静压处理后无论是 γ 相还是 α_2 相的衍射峰均更加明显,同时还出现 B2 相(200)晶面衍射峰。

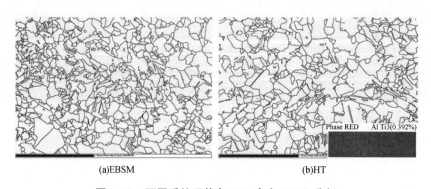

(a)EBSM　　　　　　　　　　　　　　　　(b)HT

图 5-82　不同后处理状态 TiAl 合金 EBSD 分析

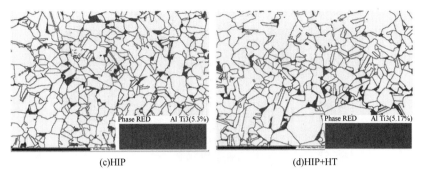

(c)HIP　　　　　　　　　　　　(d)HIP+HT

图 5-82(续)

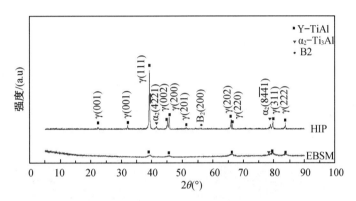

图 5-83　HIP 钛铝合金相结构 XRD 分析

透射电镜下观察 HIT 钛铝合金微观组织如图 5-84 所示。由图可见,钛铝合金经过 900 ℃热处理后,其微观组织为由典型细小片层组成的双态组织,其中 γ 相为等轴晶 [图 5-84(a)]。进一步对等轴 γ 相区域进行暗场分析如图 5-84b 所示。由图可见,在明亮 的较宽片层 γ 相之间存在亮度较暗区域[图 5-84(b)],对其进行能谱分析发现主要还有 Ti 和 Al 元素,并且二者原子比接近 2∶1,结合衍射斑点[图 5-84(c)]确定,在等轴 γ 相之间存 在规则分布的板条 B2 相。钛铝合金制备过程中,由于冷速较快,导致 α₂ 相在向 γ 相转变 过程中,转化未完全进而形成 B2 相。此外,除板条状 γ 相外,还观察到块状 γ 相,如图 5-84(c) 所示。对比图 5-64,经过热处理后钛铝合金中位错密度明显降低[图 5-84(d)]。

(a)片层组织　　　　　　　　(b)B2相和γ相及其位相关系

图 5-84　HT 钛铝合金微观组织

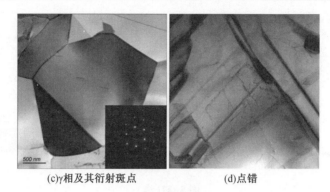

(c)γ相及其衍射斑点   (d)点错

图 5-84(续)

电子束打印成形后,进行热等静压处理的钛铝合金微观组织如图 5-85 所示。对比图 5-84,可见在 HIP 处理后,材料内部 γ 相数量增加,B2 相减少,同时出现块状 γ 相;而且由于经过高温高压处理材料内部位错数量有所增加。进一步对 HIP 钛铝合金进行 900 ℃ 热处理,其组织如图 5-86 所示。由图可见,材料内部位错密度降低,B2 相由板条状形成块状。

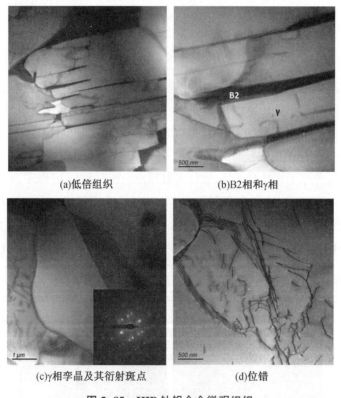

(a)低倍组织   (b)B2相和γ相

(c)γ相孪晶及其衍射斑点   (d)位错

图 5-85　HIP 钛铝合金微观组织

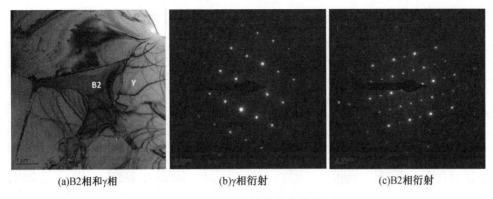

(a)B2相和γ相   (b)γ相衍射   (c)B2相衍射

图 5-86 HIP+HT 钛铝合金微观组织

2. 后处理对 TiAl 合金力学性能的影响

图 5-87 为经过不同工艺后处理的钛铝合金常温应力-应变曲线。由图可见,热等静压处理后材料出现明显塑性变形特征。由于材料组织更加致密,材料内部 γ 相数量增加,B2 相减少,同时出现块状 γ 相;同时由于经过高温高压处理,材料内部位错数量有所增加,最终使得材料力学性能提高,其抗拉强度和延伸率均较 EBSM 成形后明显增加。但是继续进行 900 ℃热处理,由于降低材料内部位错密度,并生成块状 B2 相,会导致力学性能下降,如图 5-88 所示。本研究制备的钛铝合金在经过热等静压处理后,室温拉伸强度可达 679 MPa,延伸率达到 2.5%。本书进一步对钛铝合金高温力学性能进行测试如图 5-89 所示,由图可见后处理同样可以提高高温拉伸性能。

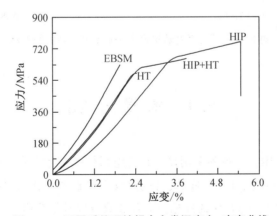

图 5-87 不同后处理钛铝合金常温应力-应变曲线

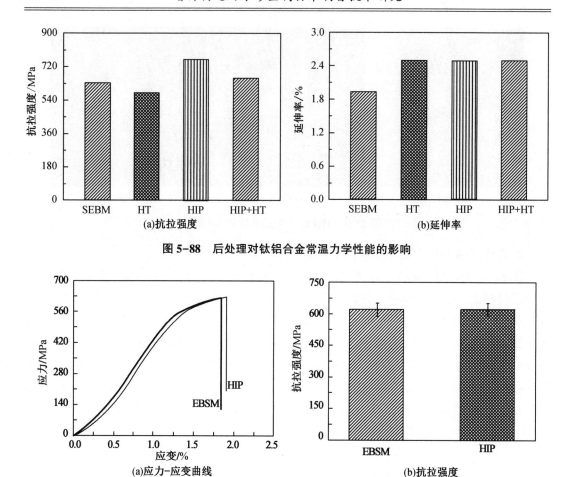

图 5-88　后处理对钛铝合金常温力学性能的影响

图 5-89　后处理对钛铝合金 650 ℃力学性能的影响

5.4　本　章　小　结

（1）高转速 PREP 用合金棒料采用真空自耗电弧熔炼技术制备,为抑制合金元素挥发,在合金棒料熔炼时采用中间合金熔炼法,将烧损较为严重的元素 Al 放置在底层,最后将基体元素 Ti 放置在最上层。同时保证目标粉末合金成分以及最终电子束成形件的合金成分,将 Al 元素投放量增加 8%。电极棒机械加工过程中金刚石刀具进行表面切削处理,并严格控制进给量及切削速度。

（2）采用 32 000 r/min、39 000 r/min 和 42 000 r/min 高转速 PREP 制备的 Ti4822 粉末粒径均在 300 μm 以下,并且经过筛分后的粉末粒度分布较窄。随着电极棒转速不断升高,粉末粒径呈现下降趋势,松装密度和振实密度提高,流动性变好;−150 ~ +325 目和−100~+150 目规格粉末的出粉率升高,+100 目粗粉逐渐减少,但是电极棒转速对于−325 目细粉收率的影响不大;采用 42 000 r/min,650 A 制粉时,更是可将−100 目~+325 目粉末收率达到 80.68% 以上。电极棒转速对粉末球形度 D_{50} 和 D_{90} 的影响不大。随着电流强度增加,粉末粒度呈现逐渐上升趋势;但是电流强度只会改变粒度分布峰值的宽窄,但几乎不改变 D_{50} 值;随着电流强度升高,-325 目细粉和+100 目粗粉收率提高;+100 目和 -100~+150 目筛分粉末球形度随着电流强度提高而大幅提升,最高可达 93% 以上;-150~ +325 目和-325 目筛分粉末球形度受电流强度影响不大。

(3)高转速 PREP 制备的钛铝合金粉末为均匀实心球形,具有龟裂形表面和光滑表面两种形貌,且粉末粒径越小表面越光滑。-100~+150 目筛分分级的较大尺寸粉末颗粒表面以较细的树枝晶为主,有明显二次晶轴;-150~+325 目的中等尺寸粉末颗粒表面为等轴胞状晶,各个胞状晶内部为均匀细小的微晶组织;当颗粒尺寸进一步减小至-325 目筛分分级时,胞状晶消失,全部为均匀的微晶组织,在表面张力作用下会形成具有光滑表面的球形颗粒。粉末由 γ-TiAl 和 α_2-Ti$_3$Al 相组成。α_2+γ 层片的平均厚度约为 0.2 μm;γ 层片结构的尺寸很小,约为 20 nm;析出相为 NbCr$_2$ 的不规则形状,长轴 200 nm,短轴 50~100 nm;其界面为阶梯状并与基体合金结合良好。

(4)采用 EIGA 气雾化法制粉时投料顺序为将铝粉、AlNb 中间合金至于钛包套里的最底层,然后最上层放置 Cr 粉及余量海绵钛。熔炼技术是功率 350 kW,石墨孔径为 4.5~ 6.0 mm,雾化压力为 4.0~5.0 MPa。

(5)EIGA 法制备的钛铝合金粉末,大多呈球形,少数为椭球形并含有一定的卫星粉和空心粉,且空心合金粉末中存在闭合气孔和开口气孔两种气孔;随着 Al 含量升高,粉末形状更接近球形,卫星粉数量逐渐减少,但是仍含有空心粉,主要由 γ-TiAl 和 α_2-Ti$_3$Al 组成。粉末表面和内部均为发达的近六边形树枝晶,且为胞状枝晶,近似等轴花瓣状,粉末的内部呈现出了网格状的微观组织。粉末内部析出物 NbCr$_2$ 与 γ-TiAl 相界面结合良好,宽度约为 2~5 nm。随着 Al 含量升高,粉末平均粒径呈现先上升后下降的趋势;Al 含量对粉末球形度、流动性影响不大。

(6)EBSM 技术成形的钛铝合金组织致密,不同方向组织形貌差别不大,均由 γ 相、 α_2 相和少量 B2 相组成,γ 相为等轴晶,在其内部没有 α_2 相;等轴 γ 相之间存在规则分布的板条 B2 相;α_2 相为不连续分布,主要分布在晶界交汇处;此外在材料内部还观测到大量由热应力形成的位错。采用 13.5 mA,4.0 m/s,40.50 J/mm^3 成形时,随着束流强度升高,Al 元素含量下降,α_2 相含量增加,材料组织粗大。

(7)EBSM 成形钛铝合金拉伸变形时,以脆性断裂为主,缺少金属典型的屈服变形阶段,横向与纵向力学性能相差不大。随着打印能量密度升高,钛铝合金力学性能呈现先升高后降低的特点。采用 34.50~40.50 J/mm^3 技术制备的钛铝合金构件,抗拉强度在 620 MPa 以上,最高可达 643 MPa;延伸率在 1.9% 以上,最高可达 2.09%。随着温度升高,钛铝合金抗拉强度呈现先升高后降低趋势,并在 650 ℃ 出现抗拉强度最高值,同时延伸率在 500~ 700 ℃ 略高于室温,而在 800 ℃ 时出现明显升高。

(8)HIP 处理后钛铝合金主要由 γ 相和 α_2 相组成,并且在纵向上的晶粒得到细化。但是当时继续对材料进行 900 ℃/5 h 的热处理后,无论 EBSM 合金还是 HIP 合金,其组织均存在粗大现象。HIP 处理后,材料内部 γ 相数量增加,B2 减少,同时出现块状 γ 相;位错数量有所增加。当进一步对 HIP 钛铝合金进行 900 ℃ 热处理后,材料内部位错密度降低,

B2 相由板条状形成块状。

(9)热等静压处理后,材料变形出现明显塑性变形特征,其抗拉强度和延伸率均较 EBSM 成形后明显增加,室温拉伸强度可达 679 MPa,延伸率达到 2.5%,高温拉伸强度也在 600 MPa 以上。

参 考 文 献

[1] 白柳杨,金化成,袁方利,等.高频感应热等离子体在微细球形粉体材料制备中的应用[J].高电压技术,2013,39(7):1577-1583.

[2] 白柳杨,张海宝,袁方利,等.高频热等离子体合成超细 ZrB2 和 ZrC 粉体材料[J].宇航材料工艺,2012(2):88-90.

[3] 陈焕铭,胡本芙,李慧英,等.等离子旋转电极雾化 FGH95 高温合金粉末颗粒凝固组织特征[J].金属学报,2003,39(1):30-34.

[4] 陈焕铭,胡本芙,余泉茂,等.等离子旋转电极雾化熔滴的热量传输与凝固行为[J].中国有色金属学报,2002,12(5):883-890.

[5] 陈焕铭,胡本芙,李慧英.等离子旋转电极雾化熔滴凝固过程的数值计算[J].兵器材料科学与工程,2005,28(5):21-24.

[6] 陈玮,杨洋,刘亮亮,等.电子束增材制造 γ-TiAl 显微组织调控与拉伸性能研究[J].航空制造技术,2017(C1):37-41.

[7] 董欢欢,陈岁元,郭快快,等.EIGA 法制备 TC4 合金粉末的激光 3D 打印性能研究[J].有色矿冶,2016,32(6):34-39.

[8] 凤治华,陈斌科,杨星波,等.超高转速等离子旋转电极制粉机制备镍基高温合金 GH 4169 粉末[J].科技与创新,2021(15):134-135.

[9] 范紫钊,李金山,陈玮,等.电子束增材制造用 TiAl 予预合金粉末表征[J].铸造技术,2022,4(11):970-974.

[10] 郭双全,葛昌纯,冯云彪,等.低成本等离子体球化技术制备热喷涂用球形钨粉的工艺研究[J].粉末冶金工业.2010,20(3):1-4.

[11] 郭快快,刘常升,陈岁元,等.功率对 EIGA 制备 3D 打印用 TC4 合金粉末特性的影响[J].材料科学与工艺,2017,25(1):16-22.

[12] 高鑫,张飞,马腾,等.球形钛合金粉末制备技术及 3 D 打印效果验证[C]//中国有色金属学会;中国工程院;中南大学,2016.

[13] 古忠涛,叶高英,刘川东,等.射频等离子体球化钛粉的工艺研究[J].粉末冶金技术,2010,28(2):120-124.

[14] 古忠涛,叶高英,金玉萍.射频感应等离子体制备球形钛粉的成分分析[J].强激光与粒子束,2012,24(6):1409-1413.

[15] 国为民,陈生大,冯涤.等离子旋转电极法制取镍基高温合金粉末工艺的研究[J].航空维修与工程,1999(5):44-46.

[16] 贺卫卫,汤慧萍,刘咏,等.PREP 法制备高温 TiAl 预合金粉末及其致密化坯体组织研究[J].稀有金属材料与工程,2014,43(11):2768-2775.

[17] 何国爱,丁晗晖,刘琛仄,等.粉末特性对镍基粉末冶金高温合金组织及热变形行为的影响[J].中国有色金属学报,2016,26(1):37-49.

[18] 邝泉波,邹黎明,蔡一湘,等.等离子旋转电极雾化法制备高品质 Ti-6.5Al-1.4Si-2Zr-0.5Mo-2Sn 合金粉末[J].材料工程,2017,45(10):39-46.

[19] 阚文斌,林均品.增材制造技术制备钛铝合金的研究进展[J].中国材料进展,2015(2):111-119,135.

[20] 刘军,许宁辉,于建宁.用等离子旋转电极雾化法制备 TC4 合金粉末的研究[J].宁夏工程技术,2016,15(4):340-342.

[21] 刘建涛,张义文.等离子旋转电极雾化工艺制备 FGH96 合金粉末颗粒的组织[J].材料热处理学报,2012,33(1):31-36.

[22] 路新,刘程程,朱郎平,等.高能球磨与射频等离子体球化制备 TiAl 合金球形微粉[J].稀有金属材料与工程,2013,42(9):1015-1020.

[23] 李瑞迪,魏青松,刘锦辉,等.选择性激光熔化成形关键基础问题的研究进展[J].航空制造技术,2012,401(5):26-31.

[24] 李文贤,易丹青,刘会群,等.热处理制度对选择性激光熔化成形 TC4 钛合金的组织与力学性能的影响[J].粉末冶金材料科学与工程,2017,22(1):72-78.

[25] 雷图芝.等离子体旋转电极雾化法制备球形金属粉末的工艺及性能研究[D].西安:西安理工大学,2019.

[26] 刘丙霖.高铌钛铝合金球形粉末的制造及其选区激光熔化成形研究[D].南京:南京理工大学,2019.

[27] 刘畅.钛铝合金粉体等离子雾化制粉设备及工艺研究[D].沈阳:沈阳工业大学,2019.

[28] 李晓磊,崔陆军,郭士锐,等.Ti-48Al-2Cr-2Nb 合金中 γ 片层析出初始阶段生长规律研究[J].中原工学院学报,2021(4):24-30.

[29] 刘惠平.Ti-48Al-2Cr-2Nb 合金的电子束精准制备及组织调控[D].大连:大连理工大学,2020.

[30] 毛新华,刘辛,谢焕文,等.制备方法对 3D 打印用 Ti-6Al-4V 合金粉体特性的影响[J].材料研究与应用,2017,11(1):13-18.

[31] 马文斌,吴凯,刘国权,等.PREP FGH4096 粉末凝固组织和碳化物研究[J].钢铁研究学报,2011,23(A2):490-493.

[32] 倪红明,董显娟,徐勇,等.Ti-48Al-2Nb-2Cr 合金热变形行为及本构关系研究[J].特种铸造及有色合金,2020,40(2):228-231.

[33] 曲选辉,盛艳伟,郭志猛,等.等离子合成与雾化制粉技术及其应用[J].中国材料进展,2011,30(7):10-16.

[34] 秦子珺,刘琛仄,王子,等.镍基粉末高温合金原始颗粒边界形成及组织演化特征[J].中国有色金属学报,2016,26(1):50-59.

[35] 沈垒,陈刚,赵少阳,等.PREP 法制备球形 NiTi 合金粉末的特性及显微组织[J].粉末冶金材料科学与工程,2017,22(4):539-545.

[36] 尚青亮,刘捷,方树铭,等.金属钛粉的制备工艺[J].材料导报,2013,27(C1):97-100.

[37] 盛艳伟,郭志猛,郝俊杰,等.射频等离子体制备球形 Ti-6Al-4V 粉末性能表征[J].北京科技大学学报,2012,34(2):164-168.

[38] 孙念光,陈斌科,向长淑,等.3D 打印粉末生产用等离子旋转电极雾化制粉机[J].重型机械,2019(5):36-40.

[39] 孙浩智.等离子旋转电极雾化制粉高速旋转驱动机构的设计与分析[J].机械研究与应用,2022,35(2):35-38.

[40] 孙念光,陈斌科,向长淑,等.等离子旋转电极雾化制粉技术现状和创新[J].粉末冶金工业,2020,30(5):84-87.

[41] 谭玉全.热处理对 TC4 钛合金组织、性能的影响及残余应力消除方法的研究[D].重庆:重庆大学,2016.

[42] 陶宇,张义文,张莹,等.用等离子旋转电极法生产球形金属粉末的工艺研究[J].钢铁研究学报,2003,15(C1):537-540.

[43] 魏明炜,陈岁元,郭快快,等.EIGA 法制备激光 3D 打印用 TA15 钛合金粉末[J].材料导报,2017,31(12):64-67,68.

[44] 王亮,吕宏军,郎泽保,等.粉末耐热钛合金组织性能及成形技术[J].宇航材料工艺,2011(2):90-94.

[45] 吴胜举,王志刚,任金莲,等.功率超声雾化制备钛金属粉末的实验研究[J].压电与声光,2001,23(6):490-493.

[46] 王昌镇,王森,张元彬,等.钛合金粉末的流动性研究[J].粉末冶金技术,2016,34(5):330-335.

[47] 王琪,李圣刚,吕宏军,等.雾化法制备高品质钛合金粉末技术研究[J].钛工业进展,2010,27(5):16-18.

[48] 王雪莹.3D 打印技术与产业的发展及前景分析[J].中国高新技术企业,2012(26):3-5.

[49] 王昊,谢广明,贾燚,等.Ti-48Al-2Cr-2Nb-(Ni,TiB$_2$)合金凝固组织演变规律及力学性能研究[J].稀有金属材料与工程,2022,51(6):2016-2322.

[50] 徐桂华,张绪虎,赵翠梅,等.TC11 粉末钛合金的微观组织及其形成机理[J].宇航材料工艺.2013(3):110-113.

[51] 徐伟,韩志宇,梁书锦,等.俄罗斯粉末高温合金生产工艺[J].粉末冶金技术,2015,33(6):455-459.

[52] 谢焕文,邹黎明,刘辛,等.球形钛粉制备工艺现状[J].材料研究与应用,2014,8(2):78-82.

[53] 肖振楠,刘婷婷,廖文和,等.激光选区熔化成形 TC4 钛合金热处理后微观组织和力学性能[J].中国激光,2017,44(9):87-95.

[54] 叶珊珊,张佩聪,邱克辉,等.气雾化制备 3D 打印用金属球形粉的关键技术与发展趋势[J].四川有色金属,2017(2):51-54.

[55] 莫利亚尔,田金华,张莎莎,等.氢化钛粉制备钛及 Ti-6Al-4V 钛合金粉末冶金工艺与性能研究[J].南京航空航天大学学报,2018,50(1):100-104.

[56] 袁红,方艳丽,王华明.热处理对激光熔化沉积 TA15 钛合金组织及压缩性能的影响[J].红外与激光工程,2010,39(4):746-750.

[57] 杨鑫.放电等离子体烧结制备钛铝基合金及其致密化机理研究[D].长沙:中南大学,2012.

[58] 杨冬野.钛铝合金气雾化及其烧结成形的组织与相结构[D].哈尔滨:哈尔滨工业大学,2015.

[59] 岳航宇.电子束选区熔化成形 Ti-47Al-2Cr-2Nb 合金的组织及力学性能研究[D].哈尔滨:哈尔滨工业大学,2019.

[60] 赵少阳,殷京瓯,沈垒,等.PREP 法制备 Ti-60Ta 合金粉末及其性能[J].稀有金属材料与工程,2017,46(6):1679-1683.

[61] 张义文,张莹,陈生大,等.PREP 制取高温合金粉末的特点[J].粉末冶金技术,2001,19(1):12-16.

[62] 张义文,迟悦.俄罗斯粉末冶金高温合金研制新进展[J].粉末冶金工业.2012,22(5):37-44.

[63] 张宁,陈岁元,于笑,等.激光 3D 打印 TC4 球形合金粉末的制备[J].材料与冶金学报,2016,15(4):277-284.

[64] 张锐,王全胜,柳彦博,等.纳米 ZrO2 粉末感应等离子体球化处理工艺研究[J].热喷涂技术,2014,6(2):52-56.

[65] 赵少阳,陈刚,谈萍,等.球形 TC4 粉末的气雾化制备、表征及间隙元素控制[J].中国有色金属学报,2016,26(5):980-987.

[66] 曾光,白保良,张鹏,等.球形钛粉制备技术的研究进展[J].2015,32(1):7-11.

[67] 张飞,高正江,马腾,等.增材制造用金属粉末材料及其制备技术[J].工业技术创新,2017,4(4):59-63.

[68] 张安峰,李涤尘,卢秉恒.激光直接金属快速成形技术的研究进展[J].兵器材料科学与工程,2007,30(5):68-73.

[69] 张小伟.金属增材制造技术在航空发动机领域的应用[J].航空动力学报,2016,31(1):10-16.

[70] 张永忠,石力开,章萍芝,等.激光快速成形镍基高温合金研究[J].航空材料学报,2002,22(1):22-25.

[71] 张保林,刘振华,李莎.3D 打印用高品质 Ti4822 合金铸锭制备技术的分析研究[J].中国铸造装备与技术,2021,56(5):27-29.

[72] HE C M. Constitutive equations for elevated temperature flow stress of Ti-6A1-4V alloy considering the effect of strain[J]. Materials&Design,2011,32(3):1144-1151.

[73] GUOQING C,BINGGANG Z,JINGSHAN H ,et al. Effect of cooling rate on the microstructure of electron beam welded joints of two-phase TiAl-based alloy[J]. China welding,2007,16:11-15.

[74] EDGAR J,TINT S. "Additive Manufacturing Technologies:3D Printing, Rapid Prototy-ping,and Direct Digital Manufacturing",2nd Edition[J]. Johnson Matthey Technology Review,2015,59:193-198.

[75] FRAZIER W E. Metal Additive Manufacturing:A Review[J]. Journal of Materials Engi-neering and Performance,2014,23(6):1917-1928.

[76] GARDAN J. Additive manufacturing technologies:state of the art and trends[J]. Taylor & Francis,2016,54(10):3118-3132.

[77] GIBSON I,ROSEN D,STUCKER B. Additive Manufacturing Technologies[M]. Springer US,2015.

[78] LEU M C,GUO N. Additive manufacturing:technology, applications and research needs [J]. Frontiers of Mechanical Engineering,2013,8(3):215-243.

[79] CHEN G,PENG Y B,ZHENG G,et al. Polysynthetic twinned TiAl single crystals for high-temperature application[J]. Nature Materials,2016,15:876-882.

[80] WEIWEI H,WENPENG J,HAIYAN L,et al. Research on Preheating of Titanium Alloy Powder in Electron Beam melting technology[J]. Rare MetaI MaterIaIs and Engineering. 2011,40(12) : 2072-2075.

[81] ECKERT J,CALIN M,ZHANG C C,et al. Manufacture by selective laser melting and me-chanical behavior of commercially pure titanium[J]. Materials Science and Engineering, A. Structural Materials:Properties,Misrostructure and Processing,2014,593:170-177.

[82] YADROITSEV I,GUSAROV A,YADROITSAVA I,et al. Single track formation in selec-tive lasermelting of metal powders[J]. Journal of Materials Processing Technology,2010, 210(12): 1624-1631.

[83] OLAKANMI E O,COCHRANE R F,DALGARNO K W. A review on selective laser sinte-ring/melting (SLS/SLM)of aluminium allo powders:Processing,microstructure, and prop-erties[J]. Progress in Materials Science,2015,74: 401-477.

[84] BONTHA S,KLINGBEIL N W,KOBRYN P A,et al. Effects of process variables and size-scale on solidification microstructure in beam-based fabrication of bulky 3D structures [J]. Materials Science and Engineering:A,2009,513:311-318.

[85] SCIPIONI B U,WOLFER A J, MATTHEWS M J,et al. On the limitations of volumetric energy density as a design parameter for selective laser melting[J]. Materials & Design, 2017,113(5):331-340.

[86] WEGMANN G,GERLING R,SCHIMANSKY F P. Temperature in duced porosity in hot isostatically pressed gamma titanium aluminide alloy powders[J]. Acta Mater,2003,51 (3):741-752.

[87] WONG K V,HERNANDEZ A. A Review of Additive Manufacturing[J]. Isrn Mechanical Engineering,2012,2012(2):30-38.

[88] KURZ W,BEZENON C , GUMANN M. Columnar to equiaxed transition in solidification processing[J]. Science and Technology of Advanced Materials,2001,2(1):185-191.

[89] KAN W, CHEN B, JIN C, et al. Microstructure and mechanical properties of a high Nb-TiAl alloy fabricated by electron beam melting[J]. Materials & Design, 2018, 160(15): 611-623.

[90] Yasa E U, Kruth J P U. Microstructural investigation of Selective Laser Melting 316L stainless steel parts exposed to laser re-melting[J]. Procedia Engineering, 2011, 19(1): 389-395.

[91] LI Y, GU D. Thermal behavior during selective laser melting of commercially pure titanium powder: Numerical simulation and experimental study[J]. Additive Manufacturing, 2014, 1(4): 99-109.

[92] ZHANG L C, KLEMM D, ECKERT J, et al. Manufacture by selective laser melting and mechanical behavior of a biomedical Ti-24Nb-4Zr-8Sn alloy[J]. Scripta Materialia, 2011, 65(43): 21-24.